自我成长的秘密

丰子 / 著

化学工业出版社
·北京·

图书在版编目（CIP）数据

自我成长的秘密 / 丰子著. —北京：化学工业出版社，2025.2. — ISBN 978-7-122-47024-9

Ⅰ.B821-49

中国国家版本馆 CIP 数据核字第 2024C50K37 号

责任编辑：张　曼　　　　　　　　装帧设计：王秋萍
责任校对：刘曦阳

出版发行：化学工业出版社（北京市东城区青年湖南街13号　邮政编码100011）
印　　装：北京新华印刷有限公司
880 mm×1230 mm　1/32　印张 6$\frac{1}{2}$　字数 94千字　2025年2月北京第1版第1次印刷

购书咨询：010-64518888　　　　　售后服务：010-64518899
网　　址：http://www.cip.com.cn
凡购买本书，如有缺损质量问题，本社销售中心负责调换。

定　价：68.00元　　　　　　　　　　　　　　　版权所有　违者必究

序

《自我成长的秘密》的秘密

　　丰子交给我一叠 A4 纸,是他用近两年时间写的一本书稿——《自我成长的秘密》。我认认真真读完了。我是一个写了五十年诗歌的人,也写过不少散文和小说,唯独没写过,也写不出这类励志文字,平时也不大读这类文字。不久前的一次美国西部自驾游,我和丰子天天坐在同一辆车里,给我留下深刻印象的是:丰子总是那么好问、好学,一路上向我问了无数个问题,我也饶有兴趣地跟他探讨。一般情况下,他问到诗歌、散文之类的问题,我会侃侃而谈。而对于文学之外的问题,我则是不太自信的。有一次丰子居然从手机上找出一首诗让我看,说是他自己写的诗。我仔细看了一下,发现这个兴趣广泛的人偶尔写的诗,居然写得挺不错。因为这首诗具有诗歌最重要的要素——独特性。诗中有作者对事物奥秘的独特发现和独特感受。我真诚地肯定了这首诗。由此我想到:一个喜欢阅读、思考、好问的人,他无论做什么事,只要下决心去做，总能做得很好。所以对《自我成长的秘密》这本书稿，在友情和好奇心的双重驱使下，我一边喝着维C茶一边饶有兴致地读了下去。

《自我成长的秘密》这本书，首先我要赞赏的是书名。丰子说的是自我成长的秘密，不是成功的秘密。大量谈成功学的著作，把"成功"这个词庸俗化了。虽然丰子这本书也有一些地方谈到了成功，但书的主题还是成长。我们每个人都需要成长。毕竟我们的生命只有一次，我们每个人都想让自己宝贵的一生过得精彩些。怎样才能更有意义地成长，更无愧无悔地成长，丰子在这本书里谈了自我成长的十五个秘密。我最感兴趣的几个秘密是：人生导师、感恩、宽容、耐心和勇气。

丰子以自己的亲身经历来谈"人生导师"这个话题。由于作者本身的谦卑、好学和勤于思考，他会不断地从自己遇到的人身上来领悟"成长的秘密"，这些人就成为他的"人生导师"。我们把谁当作"人生导师"，不一定这个人多么伟大，而是这个人在某些方面给我们的人生带来了启示。

感恩和宽容这两种品质，在今天的社会中相当珍贵。一个人生命境界的开阔，以及人与人之间的友好相处，这两种品质都是不可缺少的。

耐心和勇气不是天赋，而是自我训练、自我考验。它们是信念、信心共同催生的果实。我在诗歌创作方面五十年的耐心，让诗歌成为我一辈子的精神家园。有诗歌陪伴，我就感到内心的充盈和生命的丰盛。而勇气和耐心相辅相成，正如丰子在书中说的："勇气是一种自律、自控，更是一种坚持、一种智慧，是遇到失败时的不气馁，是动情宜自禁、得意不忘形的一种能力。它绝非与生俱来，而是后天培养，积累沉淀，厚积薄发出来的一种气场。"

感恩、宽容、耐心、勇气……说来容易，但真要做到，比攀登珠穆朗玛峰还难。

这本书能够吸引读者的我想主要有两点：第一，作者不是空洞地讲道理，而是结合自己的经历谈切身感受；第二，作者凭借自己阅读面的广泛，书中举了不少能够说明问题的典型例子。读读这本《自我成长的秘密》吧，尤其是刚踏入社会的年轻人。这本书中也有鸡汤，但这是有营养的鸡汤，况且书中更多的是维生素，是药汁，是富有启示的哲理之光。

伊甸

前言

你小时候有没有被取过绰号？我上学的时候被同学起了个绰号叫皮格，你问皮格啥意思？就是英文 pig 的音译啦，pig 是英文，中文是猪。

我属猪，我和猪比较有缘，可不巧的是，一只愚钝的猪找到了我，让我做了它的替身。

于是"人身猪脑"行走江湖遂成了我出生后的标配，直到经历了半个世纪后，我终于把"猪脑"修炼成了"人脑"，我真正成人了。

那一年，我五十岁。

我不是什么成功人士，没有腰缠万贯，也并非学富五车，当年甚至连高中都没考上。

五年前，我考了证，成了一名生涯咨询师。这在国内还是刚刚兴起的行业，我更多的是凭借自己过往的人生经历和职场经验，与来访者分享、交流和探讨，使用最多的工具是价值观卡牌和决策平衡表。

我给自己规定每年最多只接待二十个来访者，原因是，作为一名负责任的生涯咨询师，需要协助澄清、分析、解决来访者面临的问题，并促使其行动。这个过程不可能一蹴而就，需要不止一次甚至是长程的交流沟通与陪伴支持。

几年下来，我的来访者中，有在校大学生发现了学习的动力；也有在考研考公和出国留学等多种选择中确定人生方向的；有95后的年轻才俊获得了百万年薪的工作；也有35岁的家庭主妇重新找回了自尊自信；有已经在职场打拼多年一无所获再次找到第二职业的；更有事业家庭双双遇挫终于重新起航的"半百少年"……

我曾经请教我的督导老师，感觉这样做能够帮助到的人太少了，但如果不限人数，又违背了我的人生准则——工作不应该是生活的全部。

老师说:"那你不如把前半生的所见所闻,以及自己的一些亲身经历、人生感悟写下来,给到那些求助者、来访者,这样做一方面你不会太累,另一方面也会有更多年轻人受益。"

我是个普通人,和千千万万行走在工作和生活两端的朋友们一样,除了分享我所知道的成长秘密之外,一无所知。我根本无法也没有资格教育任何年轻人应该做什么,和应该怎么做。不过,在我信笔由缰的时候,我常常思索,过去的我和现在的我到底有什么区别?答案是成长。

从一个普通保安成长为一个四十八岁就提前退休的人,可以随时畅游世界,去做自己想做的事,我能做到,你一定也能做到。

那些我曾经的来访者如果说问题得以解决了,成功了,是因为他们自己。我所能做的,就是卸下所有的伪装,分享几个故事给你,读懂了,是因为你聪明;读不懂,是我的问题,每个人生来都只能解决自己的问题,我也不例外,我下次改。

目 录

第一章　寻找人生导师　　　　　　　　　　/ 001

第二章　崇敬财富　　　　　　　　　　　　/ 011

第三章　靠近幸福人生的三个习惯　　　　　/ 029

第四章　时刻对自己真诚　　　　　　　　　/ 043

第五章　你正在创什么业　　　　　　　　　/ 059

第六章　打造你的三颗"心"　　　　　　　/ 071

第七章　享受变化与成长　　　　　　　　　/ 091

第八章　立即行动　　　　　　　　　　　　/ 103

第九章　学会公众表达，你会飞起来　　　　/ 111

第十章　学会谦逊，匍匐前行　　　　　　　/ 121

第十一章　越感恩，越富有　　　　　　　　/ 137

第十二章　助人，不求回报　　　　　　　　/ 151

第十三章　打开你宽容的心门　　　　　　　/ 161

第十四章　真正的慷慨　　　　　　　　　　/ 171

第十五章　你想过怎样的一生　　　　　　　/ 181

后记　你想要的答案，就藏在你身上　　　　/ 190

第一章

寻找人生导师

人生导师无处不在。你的思想有多远,你才有可能走多远。

从我开始行走江湖说起吧。

╱ 父亲

在我刚踏上社会没多久，由于价值观的冲突，以及双方各执己见的执拗个性，我常常和父亲发生争吵，有一次吵到几乎要脱离父子关系了。

那是 2002 年的冬天，第一场雪来得晚了一些。从小，父亲在我心目中就是只老虎，我特别怕他，从不敢跟他顶嘴。那一天，我的叛逆期姗姗来迟，但也还是来了，我不再是那个被父亲一声大喝就听话的孩子了，和大多数处于青春期的孩子一样，荷尔蒙爆发，突然给了我一种初生牛犊不怕虎的勇气。

那天我们全家正围着桌子吃饭，不知聊到什么事，我和父亲就吵了起来,父亲是个暴脾气,一言不合后,他两手一抬把我们吃饭的桌子一下就掀翻了,和我咕噜咕噜互怼,差点就要动起手来了。这时候,邻居们都走出屋子来了,有的看热闹,有的劝架,最后我们父子俩终于暂时停止了争吵。

吵架后,我赌气好几个月没去看父亲,就算他来单位找我,我也故意避而不见。在面对如何处理父亲和我的关系问题时,除了敬而远之,我束手无策,反正我是再也不想见到这样一个蛮不讲理的父亲了。

当时关心我的一位领导在知道了我的情况后,语重心长地对我说:"你这样做不是很妥当,父子血浓于水,既然你爸都来找了,你就不要再逃避了,见个面叫一声'爸'不过是舌头卷一卷、嘴皮子动一下而已,父亲再有什么不对,你还是应该尊他一声'爸',这是理所应当。当然你也可以不叫,继续逃避,看你想要怎样的结果。一句话你可以这么说,也可以那么说;一句话这么说让人笑,那么说让人跳。要去想一想,你说话的目的是什么,你就怎么说。"

乍一听好像这位领导在教我做个口是心非的人,当时的我,和大多数初入职场的年轻人一样,内心充满幼稚的正气,心想明明心里是埋怨,怎么能去说出心口不一的话呢?

直到那一天,我的女儿出生,也就是我父亲的孙女出生那天,父亲来产院看望,临走时,我送他进电梯,虽然我依然没有叫他,但内心已经原谅他了。

再后来,随着自己的孩子渐渐长大,越来越体会到父亲当年撑起全家,抚养我们长大成人的不容易。

就在我写这些文字的时候,父亲已经不幸罹患了老年痴呆症,每次去看他,每次叫他"爸"时,他似懂非懂,有时候把我当侄子,有时候把我当兄弟。他可能再也听不懂我的那一声"爸"了。

回想当年那位领导说的话,我终于明白,父与子血脉相连,除了理解、尊敬,我当初实在不应该逃避,哪怕有矛盾,也应该心平气和去解决,也许当时选择和解,多叫几声"爸",多说点好话,父亲可能现在还能够清楚地听懂。

/ 你的思想有多远,你才有可能走多远

我进入银行工作后遇到的第一任行长,属于人们口中

年轻有为的少数人,记得他当时不到 40 岁,已经是一家地市级分行的一把手了。在一次行内开展的青年演讲会总结发言中,他说的一句话,成了我后来人生路上的座右铭:"你的思想有多远,你才有可能走多远。"这句话的意思是,你想得到多远,你才可能看得到多远,你看得到多远,才可能走得到多远。

做事情的一般规律是,先确定终点的目标,然后再一步一步迈向目标,如果连终点都不明确,我们又怎么起步呢?起步了又能去到哪里?别人可以看不清你的目标,你必须有清晰的远见。

行长的这句话在我心里泛起了涟漪,我当时在银行的保卫科工作,因为是退伍军人,也没有什么金融专业知识,我意识到自己既不喜欢和数字打交道,也不想长久地做一份一眼看得到头的保卫工作,虽然当时待遇不差,社会上想进银行的人也争先恐后,几乎都要挤破头,我却还是毅然决然提出离职。

我当时想的不是暂时的待遇、暂时的满足,而是思考未来若干年后,是否还能依然拿到这样的待遇,能够长久地满足,显然不能。我知道自己一没有学历,二没专业知识，而学历和专业知识这两点是能够在金融系统长期立足的资本，更重要的是，我对自己当时的工作缺少热爱，也非常明确自己不可能一辈子蹭银行这个平台的福利，于是我瞒着亲戚朋友递交了辞职报告，开启了一段想走多远就尝试去走多远的人生旅程。

／用兴趣引导你的人生

20世纪80年代，我读初中时，曾给作家靳飞老师写过一封求助信，虽然我与他素未谋面，也已经不记得是在哪本杂志或书刊上看到过他的文章。那时我青春年少，对自身变化的无知以及对周围的人和事的好奇与日俱增，对自我意识的迷惘和对外部世界的探索欲，促使我毫不犹豫地给靳飞老师写了这封求助信，内容大概是希望得到他的指点，解答我当时对个人爱好、学业及成长发展这三者之间的困惑。那个年代没有手机，住宅电话都很稀有，信件往来是人们常用的沟通方式。

没过多久，靳飞老师回信给我了，信是用毛笔写的，至今我还保存着。信中说，如果是自己真正的兴趣，既然喜欢就不要轻易放弃,同时他也鼓励我努力学习,长大后才有更多的资本去做自己想做的事。信的末尾,他写道:"生而为人,值得去做自己喜欢的事。"

学生时代,我没有能够十分理解他的话,也不清楚学习到底为了什么。我那时候只想着每天肚子可以吃饱,作业可以不交,爸妈可以不吵,那该有多好啊!后来终于明白,学习多一点的知识,才可以填饱肚子,才有本事不交作业——甚至可以把作业布置给别的人去做,才可以和家人过上和谐美满、不争不吵的生活。

我的兴趣爱好非常广泛,打乒乓球、打篮球、踢足球、游泳、唱歌、听音乐、弹琴、旅行、徒步、阅读、写日记、学英语、喝工夫茶、交朋友、和朋友们探讨人生哲学,等等,这些都是我喜欢做的事。做这些事给我带来了实实在在的快乐,也带来了志趣相投的人际圈,让我感知到了生活的美好。更重要的是,我在这些兴趣爱好中成长成熟起来了。

∕ 人生导师无处不在

曾经我和一队驴友在美国西部自驾,顺道参访了位于硅谷的GOOGLE（谷歌）公司，在公司办公楼的入口处写着员工守则，第一条居然是'Don't be evil'（不作恶），当时我很诧异，这还用说吗？这不是个成年人都懂的事情吗？

带我们参观的人解释说，正因为人人都知道，我们才要写上去，而且是作为员工守则的第一条写上去。因为人总是会误把自己知道的事，以为是自己做到的事。

无独有偶，稻盛和夫在他的著作《活法》中，曾这样写道："如果你面对一件事情，举棋不定考虑究竟该不该做，或值不值得做时，你可以用如下的标准去衡量，即'做人，何为正确？'"

这令我想起中国传统文化中信奉的"大道至简"的哲理，道理听起来好像很简单，大多数人会以为自己肯定能够做到，其实不然，知道和做到可不是一回事，只有做到了才叫简单，做不到就不简单了。

大多数人知道很多道理，但只有极少数人做到了，这也是为什么有些人年轻时都差不多，经年累月后，他们之间的认知、地位、财富和"当初"相比会差距那么大的缘故。

一天傍晚，华灯初上，我散步经过上海静安寺，不经意间一扭头,看到静安寺门墙上金光闪闪的八个大字:"众善奉行,诸恶莫作"。这八个漆金大字深深地嵌入在坚硬的墙体中,在城市亮化灯光的照耀下,形成一轮光晕,仿佛是一位历经千年时光的老人对后人的告诫和叮咛。

第二章

崇敬财富

尊重他人与自己，拥有充裕的时间，能够安静地倾听内心的声音，可以真诚且自由地表达想法，勇敢地去自我实现。做到了这些，财富会源源不断地流向你。

君子爱财，取之有道。

金钱在生活中不可或缺，能解决很多问题。对金钱的认知，我的看法是，金钱的确可以买到豪华轿车、宽敞别墅以及奢侈的包包，但如果你的心灵得不到满足，那么你过不了多久仍然会感到失落。

财富自由没有标准，因人而异，有人一个月赚5000元已经心满意足，有人一年赚5000万元仍然觉得钱不够用。从生命意义的角度看，财富自由不是一个数量概念，而是一个心理概念。不过在讨论财富自由这个概念之前，我们还是先来探讨一下如何获取更多财富吧。

学者周国平老师说："钱是好东西，有钱的最大好处是可以使你在金钱面前获得自由，包括在一切涉及钱的事情面前。而在这个世俗间，涉及钱的事情何其多也。所以，即使对于一个不贪钱的人来说，有钱也是大好事。"

能快速地赚到很多钱的人往往被定义为成功的人。暂且不讨论这个定义的准确性，即使你想为这个社会多做贡献，也不妨碍可以先来讨论下怎样才能更多地获取财富，当你获得更多财富的时候，你也可以真金白银地兑现你回馈社会的承诺。

❙ 金钱是你渴望来的

关于北宋政治家司马光有个有趣的故事。大家都知道司马光砸缸的故事，后来司马光当了大官，很多人去找他求个一官半职。

司马光和他们聊天时，常常问他们同样的话——你们家有钱吗？那些人就觉得很奇怪，这么大的官怎么会关心我有没有钱这种世俗小问题。后来人家一打听，才知道了原因。

司马光的意思是说：如果你没钱，你就不能维持你的生活，就不能不为五斗米折腰；你有钱，你才会有独立的人格，这个官你随时可以不做，为了自己的原则不做。钱不仅能使你衣食无忧，还可以保护自由。在司马光看来，有没有钱可以决定一个人有没有独来独往的人格。这个观点,放在今天,同样适用。

踏上社会以后,我们就得靠自己和金钱打交道,因为没有钱,我们就无法生存,寸步难行。"金钱不是万能的,但没钱是万万不能的"。让我们先来问自己几个问题吧:

有钱的好处有哪些?
你对金钱有多渴望?
有了足够多的钱以后你会做什么?
什么才是真正的财富自由?
活着是为了什么?

请记下你的答案,不用告诉任何人,但请对你自己诚实。

想要致富,首先要渴望。渴望金钱并不低俗。身边有这样一个朋友,他说起自己当年做企业时运气比较好,赚了一些钱,几十年打拼下来,身体落下一身病,虽然赚了不少钱,可估计一大半得花在后半生的调理养生治病上了。

他和我说起年轻时的赚钱思维，两个字震撼到了我——渴望。

他说经常有人来找他推销商品，从那些来找他推销商品的人的眼睛里，看不到他们对金钱的渴望。这种渴望不是索取，不是掏别人口袋里的钱出来买自己的东西，而是分享和给予自己拥有的东西，包括物质的和精神的。

金钱，是货币的代名词，是衡量物品或服务的价格工具。金钱本身只是一个数字，是一个人给社会提供了相应价值的凭证，是社会开给这个人的借条。如今，很多人完成了财富的原始积累，追逐并拥有一定的财富也不再被视为是庸俗的了。

思想是任何行动的起点。我试着把这句话扩展一下：致富思想是致富行动的起点。换言之，如果你连想都不敢想，何谈成就它？如果我们头脑中从未渴望过一件事，那么这件事对我们来说基本不可能实现。如果你已经开始为自己设想财富前景，我建议你把目标尽量定得大胆些。

✎ 让努力有意义,让金钱流动起来

听过这样一个有趣的观点:如果财富的积累靠加班熬夜、靠不断地努力就可以,那世界首富应该是一头驴。

"石油大王"洛克菲勒在写给他儿子的一封信中说:"努力工作就能致富是个谎言。"亲爱的读者朋友,继续看下去,洛克菲勒可不是在教他的孩子不去努力工作,他继续说道:"我不是劝你不要去努力,恰恰相反,你只有在工作中特别努力才有机会成功,这种特别在于不断地思考,如何让你手头的工作变得有意义?你要有意地去学习关键技术,积累管理经验,去团结同事,开拓并夯实各路人脉,等等。"

这样的努力才是有意义的,它会创造两种可能性,其一,即使你的努力是为了给自己未来创业积累经验,你的老板也可能会看中你努力工作的状态,在你还没有飞走的时候就给你内部创业的机会了;其二,就算是你的老板不识你这匹千里马,你积累了经验,学成了技术,也有了更多资本去驰骋翱翔!

同时,努力要有方向,致富很大程度上取决于运气,但是，运气永远产生在正确的方向上！如果你认为锁定了正确的方向，你就只管去做。在人生的球场上，你不射门，得分是零；射门，得分概率是50%。

金钱是活物，活物就必须动，一旦你让金钱静止不动，那它就无法为你创造更多，甚至随着时间流逝而不断贬值。只有让你手里的金钱流动起来，才有可能让钱去生钱，让你的物质财富快速增加，当然也可能快速减少，比如投资、创业、炒股等，现实中损失的风险远远大于获得的期待。

生活中绝大多数人都是因为害怕损失才不敢让手里的金钱流动起来，认为让钱安静地躺着才是最安全的。我的看法是，硬币有两面，一面是成功，另一面是失败，机会是老天爷抛向空中的这枚硬币，如果你看到了这枚空中旋转着的硬币，并且勇敢地伸出双手去抢，去接，你就至少有50%概率抢到成功这一面；如果你因为害怕接到失败的一面而放弃伸出双臂，那么，你的确很"幸运"地避开了失败，成功同时也与你无缘。

❘ 创造财富的几点建议

1. 努力工作，不要迟到

我有一个朋友，就算请他吃饭，他也总是在大家已经开桌且酒过至少一巡后才姗姗来迟。平时朋友们相约喝个茶谈个事，他也总是一口答应，却半天不见人。更不必说他在单位里开会，同事们说他十次会议九次迟到，准时到的一次，领导见了都会很激动。有一次我问他对守时的看法，他反问我："为什么要守那么准的时间？迟到几分钟天又不会塌下来。"他似乎为自己的迟到找到了理由，但现实生活比较残酷，对一个没有时间概念的人，现实生活从来不问理由，就因为这个不守时的毛病，他被之前的单位淘汰后，就再没找到过工作。

2. 提前付出

我的另一个朋友，常常来我的工作室喝茶，每次来都会随手带些不同的小茶礼和大家分享。他是一名大学教师，收入比较稳定但并不是很高，他对致富思维很感兴趣，但觉得如果一个人连自己都不太宽裕，怎么去帮助别人呢？

我指了指他带来给茶友们分享的茶礼说:"你觉得自己无法胜任,可你却一直在分享呢!"

就算你一无所有,依然可以分享东西给别人,比如真诚的微笑。带着分享的喜悦,而不是一种做善事的优越感。

3. 寻找变得富有的可能性

这个世界很小,小到人类以为自己就是最厉害的动物;这个世界也很大,大到对一个人来说,一生只能择一地而栖息,不可能在有生之年跑遍世界每一个角落。所有的可能性都来自于你目前所在的位置,和你从这个位置看待世界的方式。

我一直相信,这世界有另外的可能性存在。当你听到某个说法时,想想说这个话的人是谁,这个人为什么这么说?他代表了谁?他的目的是什么?你是否有和他相同的目的?

这个世界上没有多少人希望你富有的。有些人会告诉你,别做梦了,脚踏实地吧年轻人。而你自己必须去发现让你变得富有的可能性是存在的,必须认识到,脚踏实地不等于停在原地不动,就像你踩着自动扶梯上楼并不可耻,但你在自动扶梯上也可以行走。对于任何一个个体来说,都有不止一种可能性达成你的目标。

4. 无法理解的事不代表是错的

相信自己,这个世界没有完全的真理,所以错了也要相信自己,只不过你同时也要承担相信自己带来的结果,哪怕吃亏,哪怕吃大亏。

同时,也别用"吃亏是福"这种话来自我安慰,它的成立得有个前提,那就是年轻时吃亏是福,"千金难买少年苦",老了再吃亏那叫遭罪。

5. 保持开放的大脑和健康的身体

对一切不同的观点都尽量保持开放的态度。不一定接纳这些观点,但尝试去理解站在对方的视角也许有他这么说的道理。

不到五十岁,你可能不会感受到五十肩的痛苦;不到六十岁,你可能不能体会到倾听的美好。不管做什么运动,循序渐进,微汗就好,别期望一天你就能成为长跑健将或健美冠军,也别期望一两天就能治好你的拖延症。

当年创业时我特别拼,常常熬夜加班,时不时吃点夜宵,后来听说"多吃半夜饭,少吃年夜饭",吓得我不敢再吃夜宵了。如今,我早餐吃得丰盛,午餐也不亏待自己的胃,但晚餐就必须克制了,一般来说,吃点蔬菜轻食少许粗粮就可以收口了。管住嘴,肠胃等你入睡后就有时间帮你修复细胞,让你第二天重新满血复活。

这些建议实践起来并不难,对我来说是这样,对你来说更是如此。相信我能做到的,你也一定可以做到。

时代给了我们很多创富的机遇,不少人因此致富,也有不少人不愿沉浸在世俗的欲望里,他们绝不是不屑金钱,也不是看不起凭借双手勤劳致富的人,或许是他们有着其他的追求。

渴望是致富的动力,好好赚钱是一生的必修课。关于致富思维,总结一句话:在你感兴趣的事情里,隐藏着你创造财富的秘密!

╱ 支配金钱的思维

赚钱是为了花钱,赚钱不是目的,花钱才是目的。如何让赚来的钱持续增值?把赚到的钱花到哪里去?这些问题是你需要思考的。

说得直白一点,我们拼的是健康不是金钱,健康包括身体的正常运作,以及情绪的平和舒畅。当你把财富赋能在这两个方面,你的人生才能开出美好之花,你才有机会去发扬你的利他精神。如果你连自己的身心都没有调适好,你不可能持久利他。

以下是我的"一三三三"理财法则。

"一"指把你每月赚到的金钱的10%存定投,不管它的基本面如何波动,你将会得到平均收益率,这笔钱就当不存在,没事永远不去动用它,设置好后就忘了它吧。

第一个"三"指把每月赚的钱的30%,拿来做防守的盾,也就是为你人生路上的不确定性提前修一条护城河。什么是护城河?比如买商业保险,买小面积纯住宅房,买黄金,买长期国债,等等。人生是一场马拉松,这笔钱是用来给你的人生做防卫的,一旦前进的道路上遇到坑坑洼洼、崎岖不平时,你可以使用这部分资产,来让你顺利渡过一段坎坷之路。

第二个"三"是指把每月赚的钱的30%,拿来做进攻的矛。如果你不想冒一点点风险,又想让自己的钱快速地生钱,几乎是不可能的事。进攻就得冒险,冒险才有快速增值的希望,关键要看冒多大的风险,你冒的险是否科学、合理。比如说这次进攻是否符合大势,是社会大环境所鼓励的事情吗;比如说这次进攻是不是你的价值观所认可的事情;再比如说这次进攻所需要的弹药哪怕消耗殆尽,却一无所获,你是否在所不惜,你的生活品质会不会因此断崖式下降,等等。

第三个"三"是指把每月赚的钱的 30%,拿来消费,去做自己想做的事。生命旅程苦短,消费如果可以让你开心一点,那就去消费。不过,奢侈品令你开心的时间可能不会太久,年轻时光,几打生啤,两三个好友,也能造出不少乐子。你只有通过花钱获得了快乐,才有持续赚钱的动力,告诉自己,这是每个月自己要花掉的钱。

当然,你还可以把钱花得更有意义。关于金钱,周国平先生曾说道:"钱不是最好的东西,不能为了这个次好的东西而牺牲最好的东西。一个人如果贪钱,有了钱仍受钱支配,在钱面前毫无自由,甚至为了钱而失去自由,有钱的最大好处就荡然无存了。"我深深认同这样的观点。

╱ 小心你的时间财富

除了赚钱，财富的另一个标的是时间。有时候是因为你太想赚到更多的钱了，所以不小心就丢失了另一个宝贵的财富——时间。

有一年去欧洲，住在瑞典的朋友家里，感受北欧夏日的凉爽，其间又到西班牙转悠了一下，体验了一把地中海的热辣风情。原计划飞意大利罗马因故未能成行，对于旅途中的变化，我一向抱以无条件接纳的心态。虽然有旅行计划，不过有了变化总比计划快的认知，做事通常会有计划，但不会陷进计划里，时间会准备得比较充裕。我始终相信一点，那就是时间自由比财富自由重要得多，时间自由有上限，财富自由没有上限，人们往往更倾向于追求财富自由，走上一条没有尽头的路，当然就永远走不到头。

因为时间的有限性，总让那些追逐无限财富的人误会时间对每个人一样公平，其实完全不是。时间只青睐追求时间自由的那些人，在追逐时间自由的这条路上的人们，知道时间有上限，总有一天会追到头，所以他们更有人生的方向感。

在感受了地中海十多天的热辣高温后，我又飞回北欧去享受夏日的清凉，每天的生活是看看书，踢踢球，散散步，或是采购食物，做点好吃的，再就是沏上一壶绿茶，和房东关博士聊聊创业梦想……通常无限惬意的日子里总会伴随一点意外，就在准备回国的前一天，我扭伤了左脚踝，第二天只能拄着拐杖去赶飞机。

回国休整了几天，倒了倒时差后，我又启程前往泰国普吉岛。在普吉岛待了一周，吹着安达曼海的海风，感受着海边的阳光和草地，任凭海水冲刷着陷进沙滩的双脚，直视着海天一线的那一抹深蓝，又是一段惬意时光。

当然，如你所猜，我又经历了一次祸福相随。在回国前一天下午，我游完泳口渴难耐，拿起桌上的瓶装水一饮而尽，晚上开始不适，呕吐腹泻浑身无力，一点东西也吃不下，直到回国一周后才康复。后来才明白，普吉岛大量使用的玻璃瓶装水，不适合我们这些外来旅行者生饮，煮开了饮用会比较好。

我是一个小富即安的人，比我富有的人多了去了，但是我发现他们中的大多数人都没我有时间！有时候他们甚至连认真地修一修边幅，置一身好看干净的行头的时间都没有。他们总是认为钱越多越好，他们觉得花钱是件容易的事，赚钱可不太容易。由于工作太忙，他们甚至不能安静地享用一餐美食，或去自己的带落地玻璃窗的别墅中，不被打扰地待上一整天。他们没时间和家人一起来一趟说走就走的旅行，甚至当感到疲惫不堪的时候，想休息都做不到。

一个人的财富，除了金钱和时间，还有灵魂层面的。也就是我们常常说的精神财富，不过很多人可不是这么想的。他们一边信奉"就算家财万贯，也买不来太阳不下山"，一边疯狂地追求金钱、名誉、权力、地位，连健康甚至生命都在所不惜。

财富究竟是什么？一个人应该具备怎样的财富观？我常常思考这个问题。

我的答案是：尊重他人与自己，拥有充裕的时间，能够安静地倾听内心的声音，可以真诚且自由地表达想法，勇敢地去自我实现。做到了这些，财富会源源不断地流向你。

父母的教诲是财富，子女的成长是财富，与亲人朋友的餐叙茶聊是财富，和平的环境是财富，生命的每一个当下都是财富。

你视野内的一棵冬日的枯树，地上掉落的一片黄叶；秋高气爽的日子，你头顶飘过的朵朵白云，还有那一碧如洗的蓝天，和你生怕错过使劲呼吸的那缕桂花香；夏日里掠过你脚踝的冰爽的海水，和把你脊背晒到辣辣的骄阳；春天里轻轻吹拂过你脸颊的微风，夹杂着那一抹嫩绿的青草味道，那一股野蛮生长的力量，如同年轻人体内的荷尔蒙，蓬勃旺盛的生命力呀！这些不都是我们拥有的宝贵财富吗？

第三章

靠近幸福人生的三个习惯

如何才能过上理想的生活？如何才能靠近幸福的人生？首先要养成三个习惯：一是阅读，二是运动，三是放下手机，与他人真实交流。

如何才能过上理想的生活？如何才能靠近幸福的人生？首先要养成三个习惯：一是阅读，二是运动，三是放下手机，与他人真实交流。做到了这三点，加上时间的变量，大概率你能比之前更靠近幸福的人生，也能令你的成长旅途更顺畅一些。

/ 阅读，从一天一页开始

查理·芒格说："我这辈子遇到的聪明人，没有一个人不是每天阅读的——没有，一个都没有。沃伦（巴菲特）读书之多，我读书之多，可能会让你感到吃惊。我的孩子们都笑话我，他们觉得我是一本长了两条腿的书。"

带领我走出愚钝世界的第一功臣当属我喜欢阅读的习惯。阅读给我带来了极大的满足，这种满足意义非凡。阅读需要你投入大量的时间和精力才能获得满足,成长的感悟往往更多来自于有意义的快乐和有意义的满足。

如果你想改变自己的阅读习惯,创造延迟满足来提升你的成长力,我在这里介绍一个懒人读书法。

我是一个懒人,每天都会读书,之所以能做到,并不是因为我多厉害,而是因为我对自己的要求特别低——我只要求自己每天读至少一页书。读一页书只用花一两分钟,如果你觉得好看,你就继续读,如果觉得不好看,你就合上书,你已经完成了今天的阅读任务。所以对于阅读这件事,没有压力,也不会焦虑。往往没有什么压力,不太令你焦虑的事情,容易持续做下去。

如果你每天坚持读书,一年 365 天,至少你能看完一本书了,而且这本书还不薄。此外,我总是会同时放三五本书在床头,如果这本看不下去了,就换一本。这样一年下来,差不多能看完好几本书了。

一开始改变阅读习惯,该选什么书?我的建议是,选经典读,经典经过时间的检验,可以节约你很多选书的时间。在茫茫书海中,你想要找到一本值得看的好书,不是一件容易的事。同时,我也建议你一开始别去读像《战争与和平》《约翰·克利斯朵夫》《基督山伯爵》这样的大部头著作,先找一些薄一点的经典书籍来看,比如国外的《活法》《简·爱》《傲慢与偏见》《少年维特的烦恼》《战地钟声》《不能承受的生命之轻》等;国内的比如路遥先生的《人生》,余华的《活着》,陈旭麓的《中国近代社会的新陈代谢》等。像我手头看的是《月亮与六便士》,有近 300 页,每天即使读一页,不用一年就读完了。

还有一个找到好书的方法,那就是看书的版权页,上面会清楚地说明此书重印过多少次。往往越经典的书,重印次数越多。这会让你节约许多选书的时间。

传记类著作,以及历史类读物也推荐阅读。

多年来,我的床头总是摆放着经典的人物传记与历史类读物,这些经典著作教会了我一步一步前行,脚踏实地地从懵懵懂懂不谙世事到长大成人。

保持阅读的习惯锻炼我们的大脑,就像我们的肌肉需要经常锻炼,才能保持强壮一样。比如跑步,我们不可能跑一次就变得强壮了,必须经常去跑,身体才会越跑越强健。锻炼大脑的"肌肉"也是同样的道理,需要经常锻炼,阅读和思考就是大脑的锻炼方式,隔三岔五读点好书是在锻炼大脑的"肌肉",让有益的观念强健你的大脑的神经链接,从而帮助你在处理各类繁杂事务时,可以更加迅速地做出适合你的最佳决断。一旦你放松了锻炼大脑的"肌肉",你的思维会锚固,甚至退化。这世界变化太快,当我们发现很多东西已经看不懂或听不懂的时候,就得警惕了。

现实生活中,我们无法约请那些伟人、名人或巨富商贾喝茶聊天,先哲们也早已离我们而去了,但我们分明可以通过读他们的经典著作或描写他们的传记来与他们交流,向他们学习,学习他们的思维、经验、行事风格、生存原则和生活智慧。

只要你愿意,随时都能以阅读的形式"面对面"地与先哲们交流,与作者沟通,而且随请随到。当然,我们身边也不乏优秀之人,往往成功人士身上都有明显的优点,仔细观察他们,并形神兼备地模仿,每天进步一点点,成为或超越他们只是时间问题。

有两本书曾改变了我的人生走向,一本是《拆掉思维里的墙》(古典著),另一本是《谁动了我的奶酪》(斯宾塞·约翰逊著)。这两本书让我明白了生命的意义——

体验，成长，主动求变。当年读完这两本书后，我就毅然决然辞职下海了。

在信息嘈杂的年代，人们不知不觉地开始无视现实世界里的生活，那些珍贵的、开放的时间和空间。比如与老友小酌一杯，任凭思绪在无拘无束的碰撞中飞扬；比如与同好徒步十里，敞开怀抱在山川大地的起伏中汗流浃背；比如觅一处空气清新安静怡人的居所，品茗思过；比如赤足于清凉的稻田里插秧，任凭泥汀裹足；比如坐在温暖的阳台一角默默地读一本书……

阅读是一剂最好的疫苗，在你的谦恭和敬畏之心还未被世俗感染之前。我深知阅读的好处，如果要我用一句话概括阅读的好处，我想说："阅读能够让人看清过去、现在和未来。"

"书中自有黄金屋，书中自有颜如玉。""书籍是人类进步的阶梯。""天堂就是图书馆的模样。"这些都是人们对读书好处的说法，不过话也要说回来，我始终认为，读一本书，也不要不思考就相信书里说的每句话。我们的老祖宗早就说过了："尽信书，则不如无书。"

╱ 利用碎片时间运动

只有拥有了健康的身体，我们的思想才能转化为行动。在成长的道路上，没有健康的身体作基础，达成目标的可能性基本为零。换个方向思考，即使万一达成了，又有多少意义呢？

运动除了强健体魄，还有娱乐功能。就拿跑马拉松来说，运动过程中身体释放的多巴胺可以调节情绪，给人带来愉悦感。不过，身体分泌多巴胺之前，你首先要品尝中途呼吸极度困难近乎窒息的折磨，缺少咬牙坚持的意志力，你就很难突破自己的极限，一部分人甚至被这种短时间缺氧的痛苦无情淘汰。

在竞争性运动中，胜利带给人激情，失败锻炼人的抗挫能力，提升逆商，这些都是我们成长路上不可或缺的基本要素。

想要养成运动习惯，切忌一开始就大运动量，这会让你四肢酸痛难以坚持，也容易导致身体受伤，乃至放弃锻炼。我的养成运动习惯的方式是，先从最小量开始，比如你从来不跑步，那么，你一开始就给自己一个每天跑100

米或快步走 100 米的目标，这花不了一两分钟时间，你就已经完成当天的运动目标了。你没有了压力，就不会太焦虑了，然后你觉得不过瘾，就再多走几步，但切记，一次不在多，在于身体打开，身体微热为宜，在于第二天还能再跑一百米不吃力，这样你就很容易坚持下去。先养成运动的习惯，然后渐渐地根据自己的身体状况逐渐加大运动量。当身体因为运动分泌更多多巴胺时，你就对运动开始产生依赖性了，运动也就不知不觉变成你的一种习惯了。各位可不要小看一天 100 米，一年下来就快接近一个马拉松了。

运动也是一种健康管理，不论男女老少，不论高矮胖瘦，健康就是美的。我们都是自己健康的第一责任人，运动是健康管理的根本。有了健康的身体，我们的一切美好梦想才有了去实现的基础。

把碎片时间利用起来，坚持每天阅读和运动，一段时间后，不仅思维开阔，而且精神饱满，同时意志力也得到了磨炼。

常常听人说，我也想看书，我也想跑步，可是我没时间。奥巴马每天会有 40 分钟在健身房，普京曾是柔道冠军，我敢肯定，你没他们忙。

想起一个小故事：保龄球投掷对象是 10 个瓶子，你如果每次砸倒 9 个瓶子，最终得分 90 分；而你如果每次能砸倒 10 个瓶子，最终得分 240 分。社会记分规则就是这样：只要你比别人稍微优秀一点，能再多坚持一会儿，就能赢得更多机会。这种机会叠加就是人生效应的逐级放大，最终将造成人与人之间巨大的差距。

哪怕每天只是阅读一页书，每天只是快走 100 米，一年下来，你也能够看完一本 365 页的厚实的书，你也能够走过接近一个马拉松了。

阅读和运动不一定能够延长我们生命的长度，但一定会大大地拓宽我们生命的宽度。阅读常常令我自惭形秽，无所遁形，令我清心寡欲，不骄不躁。于是我反思，于是我常常审视自己。不爱阅读的人往往不会反思，不爱运动的人也不会常常审视自己。

运动和阅读，一动一静，张弛有度；动静结合，身心相辅，将让你终身受益。

／ 放下手机，让交流回归真实

手机就像是一个时间杀手，每天在不知不觉中花掉我们大把的时间。思考一个问题，你每天醒来的第一件事是什么？估计大多数人会回答说看手机。每天醒来第一件事就是看手机，已经成了现代人的一种习惯了。人们吃饭时看手机，喝咖啡时看手机，走路时看手机，开会时看手机，睡觉前看手机，手机越来越多地占据着我们的时间。

以前的我是一个手机控。每天起床后的第一件事不是去上厕所，而是会憋着尿打开手机看有谁给我发信息了，看看当天有什么新鲜事发生，看当天的热搜……有一天我突然醒悟过来，为什么今天醒来我看到的这条消息叫热搜？估计很多人和我一样，打开各个网络平台看到的就是所谓的"热搜"。也就是说，我看到的热搜，曾以为是绝大多数网民都关注了才形成的，其实可能只是极小的一部分人，依靠着几家门户 APP 制造出来的。

他们制造了热搜，制造了什么该成为今天的话题，制造了谁该是今天的主角，然后以"热搜"的标签推送到机不离手的我们面前。我们兴奋地沉浸其中，这份被刻意投喂而养成的习惯，"忙碌而充实"，却让我们的思维变得越来越窄，随着时光蹉跎慢慢变老，直到隐入尘烟。

意识到了这一点，我立即采取了行动，把手机调成了静音模式。除了闹钟会响，所有的来电信息一概无声。你也许会问，这样会错过很多重大新闻，会错过许多重要的电话或信息，这怎么办？

首先我认为自己没那么重要，这个世界缺少了我不会停止转动。其次就算我这样普通得不能再普通的人，一天内也会接到不少于十个电话或信息，大多是问要不要买房或贷款的。只要是你曾经关心过的事情，即使如今已经放下了，还是会不断被打扰。一整天的时间就这样不断被与你无关的电话或信息打断。

时间就是生命。事实上，手机铃声打断的不只是你的时间，更是你的生命。最近在网上看到一段话，说一段时间越长越有价值。如果一段时间代表的是 1 的价值，那么，把它切成两半剩下就不到 0.6，把它切成四段，剩下不到 1/4，把它切成无数段，价值为 0。

一个人花在使用手机上的时间和成长速度负相关。你花在手机上的时间越多，成长得越慢，除非你是在用手机读书、写作或做有利于你成长的事，这一点只有你自己知道，你要对自己诚实。

调整使用手机的频率，必要时屏蔽它。有时候，命运会因为一个小小的改变而垂青你。

放下手机为什么这么难？一部分原因是手机联通了互联网。互联网似乎给人们打开了前所未有的视野，实际上它成了一个封闭的世界，在这个封闭的世界里，发出的绝大多数声音几乎都是经过装饰的，推送到你面前，推给你你想听的，你想看的，你渴望的，你在世界里得不到的，甚至你连想都未曾想过的。互联网给了你一个幻觉，你仿佛点点手机屏幕就能看到全世界的真相，然而事实却并非如此。

手机固然使我们的生活变得无比便捷，当你和远在地球另一端的亲人或朋友视频时，就是古人说的"咫尺天涯"。然而，我依然崇尚最原生态的面对面的沟通方式，让人与人之间的交流回归真实，情感回归厚重，沟通变得越来越有原始的力量。

第四章
时刻对自己真诚

如何做到对自己真诚,需要做到三多一深:即多学习、多交友、多倾听,加上深度思考,复盘总结。

从小我们被教导要真诚待人。我们首先应该学会对自己真诚。对自己真诚的一个练习就是要学会自我批评，学会真实地评价自己。自我批评有点像生病了吃药，生活中批评别人是容易的，自我批评却是需要勇气的。小时候有个小毛病爸妈喂药，还不肯吞咽，不知道良药苦口利于病，长大后一旦生病需要吃药，再不能靠爸妈喂，你得自己吃，否则病就好不了。

在一次小型心理疗愈沙龙中，心理指导老师让大家做了个小游戏：请写下你对自己的评价，用三个关键词描述一下自己。结果一共七个人写下了对自我的评价。分别是：

1. 内向，真诚，有想象力
2. 守信，付出，感恩
3. 慢热，开朗，善于倾听

4. 着急，正直，诚实
5. 想法多，研究型，执着
6. 勤劳，想象力丰富，善良
7. 爱折腾，爱学习，坚韧不拔

可以看到，大部分自我评价都是正面的。人，天生爱听好话，哪怕明知道忠言逆耳良药苦口，本能地还是希望听到多一些的赞美之辞。当听到批评的话时，尽管嘴上也会说："没事，你说吧，再不舒服的话我也听得进。"然后你真心说了，他也表示接受了，但心里还是会不舒服。

当然并不是没有真心愿意听取批评的人，我想愿意听取批评的人是有的，只是十之八九也很难在生活中改变。这也没什么错。因为人是自由的，人性也是自由的，听不听批评也是自由的，要尊重每个人的活法。

／反思让失败变得有意义

趋利避害是自我保护的天性，拒听批评是身体本能的一种条件反射。批评分两种，一种属于积极批评，它能提醒我们从不曾想到的角度去思考，拓宽我们的思路；另一种是消极批评，我们身边总有这么一种人，他们仿佛无所不知，当你好不容易有了一个创意或定下一个目标时，他们会充当你的义务消防员，毫不犹豫地给你泼上几盆冷水，并且是以帮助你的名义，表示他们多么不希望看到你失败时的痛苦，所以提前来拯救你。

很多时候，我们自己也会否定自己，不成功的人有一个显著的共性：他们知道所有失败的原因，而且也都有自认为无懈可击的托词来为失败辩解。拿破仑·希尔在《思考致富》一书中写道："我们可以说出无数个'假如'，这些托词有些很聪明，有些则有事实可供验证，但托词不能当作金钱来用。人们只想知道结果：你成功了吗？"

记得从军第四年，还有一个月就要退伍了，我和两位战友老乡商议，退伍后做点什么好呢？是回家等待地方政府分配工作呢，还是自己找工作？最后我们决定一起创业，趁着年轻试着闯一闯。

创业就得找项目，当时省城有一家面馆叫"加州牛肉面"，开在火车站旁边，生意很火爆，我们仨曾经去吃过，每次去都会点一碗他们的招牌牛肉面，再加一份拍黄瓜。

牛肉块大且筋道，面条清爽，黄瓜脆而微辣，特别符合我们几个南方人的口味。

我们仨一商量，决定退伍后去加州牛肉面馆打工学艺，学成后回到家乡也开一家。目标已定，我们立即行动。我们仨找了一个休息日前往这家牛肉面馆，找到店经理，亮明退伍军人的身份，说明打工的意愿后，店经理给我们介绍了日常工作内容，表示可以考虑招收我们进店工作，等我们下个月办理完退伍手续之后再来找他。我们仨没想到这么顺利，都非常高兴，临走时，我们为了表达真诚学习与工作的意愿，以及不想到时耽误他们门店工作的节奏，坦诚地将我们创业的想法告知了店经理，并且希望他能够安排不同工序的岗位给我们，以便我们能够尽快系统地学习整个流水线上的制作流程，并且表示，我们会努力工作，因为我们打算学习三个月以后就回老家浙江去开一家同样的牛肉面馆。

我们真诚地表达等来的回复是没有回复。后来我想明白了，也许不是说假话，而是创新，在不伤害他人的前提下，创造一种说法、做法。如今，我们三个人碰面聊起这件事，总是会忍不住尴尬一笑。

╱ 自我批评来自对自己足够的真诚

美国著名逻辑学家麦克伦尼是这样描述真诚的:"绝对真诚可能会带来错误,或许你绝对真诚,但同时也绝对错误。真诚不能将谬误变成真相,人要真诚,然而人更要正确。"

再后来看到一句处世名言,叫"真话不全说,假话全不说"。这或许是现实生活中关于如何真诚待人的最佳诠释了。不过在面对自己的时候,真诚必须毫无保留。

小时候当然不懂得这些道理,不知道读者朋友您是否也遇到过这样的经历。记得上小学的时候,我有一段时间不敢举手回答老师的问题,因为害怕回答错了会遭到老师的批评,或引来同学的取笑。可我发现有一个同学特别勇敢,几乎每次老师提问他都会第一时间举手,被老师叫起来后,有一次甚至说:"老师我没听清楚您的问题。"引得同学们哄堂大笑。如今长大了想想,这种害怕回答错误招来批评的想法,可能抹杀了许多成长的机会。

在成长的道路上,有时候常识会在我们面前设置障碍,过去的经验会成为我们的思维陷阱,桎梏我们的想象力。

理智也会在某些时候使我们迈不开步子，不敢尝试。这可能意味着有时候正确的目标近在咫尺，你却还是无法与它接轨；另一方面，尝试意味着突破常规，意味着创新，害怕尝试失败后会遭受损失，甚至受到他人的讽刺与攻击，这种害怕的心理，常常会导致过度的自我保护——最好什么都不做。所谓"多做多错，少做少错，不做不会错"。这也是很多人裹足不前的心理根源。

我年少时从来不知道自己无知，也从来不会去反省自己的问题，因为我的核心信念是——我没有问题。哪怕有好心人给我指出来，也难以接受，感觉丢脸了，甚至愤愤不平，以至于无法静下心来反思、复盘、总结，只顾着一味地为自己的无知寻找理由。

敢于直面批评，对自己真诚地反思是人类特有的功能，不过可惜的是，不是所有人都在使用这个功能。

╱ 勇敢面对批评，走出舒适区

害怕批评，就是害怕失败。让我们来看看生活中害怕批评的"症状"：

工作中我们不敢创新，害怕被骂瞎折腾，不安分。

一些人深受亲人、朋友或其他人的影响，无法过自己想要的生活，因为他们害怕受到批评。

一些人选择了错误的人生伴侣，吵吵闹闹是家常便饭，宁愿痛苦不堪地度过一生，因为他们担心纠正婚姻中的错误会招致批评或带来更大的麻烦。

一些人不愿设立远大的目标，甚至不认真选择职业，因为他们害怕亲人和朋友说："不要好高骛远，别人会笑话你的。"

一些人任凭亲人以责任的名义毁了自己的生活，因为他们害怕批评。

一些人不愿尝试生意中的机会，因为机会中往往隐藏着危险，他们害怕万一失败后会遭到批评和贬损，会失去原有的一切，此时，害怕批评比对成功的渴望更为强烈。

可以试想，如果某件事确定能够做成的话，大多数人都会去尝试的吧，轮到你的可能性还有多大呢？

有时候心里的"魔鬼"也会出来说话：

"你凭什么说自己能行？"

"你是什么人？竟有这么大的口气？"

"不要忘了自己是干什么的,你懂得什么理念?"

"你一定是疯了!这事肯定做不成,否则为什么以前别人从没这样做过?"

害怕批评是多数构想破灭的原因。

很少人愿意自动自发地走出舒适区,停留在原地往往被误以为是安全的,因为那个"舒适的"地方到目前为止至少已经被证明是"安全的",而未来,未来的事情谁知道呢?他们往往用类似这样的口吻安慰自己,然后像鸵鸟一样把头埋在沙里。事实上,如果他们愿意去试错,并愿意真诚地直面批评,复盘总结,愿意拥抱变化,成功的概率一定会比站在原地自我安抚高得多。

归根结底,凡事你得往好处想。这是我成长路上的核心信念。

极少数愿意直面批评、敢于突破舒适区的人,经常会被认为是疯了,你想想,我们穷尽一生追求的不就是舒适幸福吗?这些人却还要离开舒适区,不是疯了是什么?

在我看来,成功的人分两类,一类是"傻子",另一类是"疯子"。"傻子"代表执着,"疯子"代表勇气。有了对事业的执着和敢于改变的勇气,你几乎就成功了一半。

那真正的疯子是怎样的呢？伟大的爱因斯坦是这样定义疯子的：

"疯子是那些每天做着同样的事情，却期待产生不同结果的人。"

古人有"吾日三省吾身"之说，我有每天记日记的习惯，不过我的日记很简单，有时候就一句话。这句话是我对当天发生的某件事反思的结果。我认为自我批评是对自己的反省，和他人对我们善意的批评一样，可以完善我们的人格，让我们能够更加笃定地走在自己独一无二的成长道路上。

／做一个真诚的人

有一对夫妻，他们当初是相亲认识的。在第一次见面时，男的因为日常是戴眼镜的，认为被姑娘看到可能会减分，考虑再三，决定不戴眼镜出场，希望给姑娘更好一点的第一印象。没想到的是，在这位姑娘眼里，并没有认为戴眼镜的男士有什么不好，反而戴眼镜的男人更有一种儒雅的风度，给人学识渊博的感觉，是加分项。

我们往往会在某些人生的关键时刻思前想后，最后的决定也往往是根据自己的思维认知去判断。如何知道我们的决定是否正确呢？我想，这里有许多运气成分——这是我越来越清晰的一个判断。但是，我们总得找对一个方法，去衡量我们究竟该如何做出相对正确的决定吧，我的标准是——真诚。

拿上面的案例来讲，第一印象当然非常重要，可我们没有理由认为自己的思维认知就一定是正确的。不如真诚面对，以真实的自己去面对，用真诚的态度对自己发问。这样，我们更能合理对待自己的"常识"，不执拗于一己之见，更容易以轻松愉悦的心态去面对不同的人和事，这也许才是靠谱的第一印象。

故事中的这位男士因为自己的"常识"产生了错误的预判，差点就错过一段姻缘，不过他第二次见面立即"纠偏"，在双方多次交流，并深入了解接触后，终于抱得美人归。

真诚会带来好结果，但是也并非所有人都能理解你的真诚，当对方不以为你是真诚的时候，他就无法接纳你。

我有一个朋友，姓陈，是一家纺布企业的销售经理。因为业绩突出备受老板赏识，听说老板要升他当副总了，陈经理决定要再加加油，以更优异的业绩迎接即将到来的升迁。

机会来了，一家公司要增加订单量，希望陈经理价格再优惠一点。这家公司一直是陈经理的大客户，订单的价格已经接近底线了，陈经理有些犹豫，思来想去，还是决定以底线价格接下这个订单，目的是不想在这个关键时刻失去这位老顾客，哪怕这样做会失去本该有的一点微薄利润也在所不惜。

当他把真实的底价报给对方时，意外的事情发生了。对方依然认为他不够真诚，还要压价，此时他也无能为力，这笔交易最后没有做成。陈经理后来说："我是真心想做成这一单，也征得了领导的同意。放了底价出去，可对方依然不接受，这是我始料未及的。"

心理学对真诚的定义包括：真诚不等于实话实说，真诚不是自我发泄，真诚应实事求是，真诚应适度，真诚还体现在非语言交流，真诚应考虑时间因素……真诚不等于不说谎，因为说谎不等于害人，很多时候我们需要"善意的谎言"。

我不建议你对所有人诚实，当然，我更不建议你说谎。这个世界恐怕没有一个人没说过谎话，但是说谎与害人不能简单地画等号。当为了不伤害他人而保留真相时，我们应当原谅"说谎者"，条件是保留真相者必须有担当。

当你不想对某人坦诚时，你大可保持缄默。但有个人你必须毫无保留地对其真诚，这个人就是你自己。如何做到对自己真诚，需要做到三多一深：即多学习、多交友、多倾听，加上深度思考，复盘总结。如此，才能更清楚地认识自己，清晰自己的欲求，摆正自己的位置，明确自己的方向。

真诚往往也体现在对事实的叙述和感悟上。在作家草白的一次见面会上，我问道："在写作中，您如何做到真诚地去描述过去发生的事情？"草白说："对于事情的描述，我们需要真情流露，需要真实地去叙述，去描写，但真实和事实是两个完全不同的概念，我们永远无法复制过去的场景和记忆，但我们可以用笔触真诚地写下自己彼时彼地和此时此地的心情。真诚就是尽量去真实地表达自己的内心。"

真诚是你的主观感受,也许你真诚地表达并未引起对方的共鸣,但这并不表示你可以不必真诚。

找个独处的时间和空间,让我们真诚地问自己几个问题吧:

你想做什么?
你想解决哪些问题?
你关心什么?
你想成为什么样的人?
你想过怎样的一生?

第五章
你正在创什么业

创业并不只是创业者的事,每个人都有业,职业、事业、家业,等等。只要你在生活,你就在创造生活,你就是在创生活之业。

创业包括事业和家业,两者结合起来就是我们的人生。我们的工作和生活都融入在事业和家业里。一生能够拥有美好的事业、和谐的家业,是我们大多数人向往的。

／你正在创什么事业

我曾经在追逐财富的道路上小有收获,一度获得了自己在物质上基本的富足,几乎过上了每天可以睡到自然醒且依然日进斗金的日子,然而,好花不常开,好景不常在。

那一年,我陆续投了四百多万,接连开了四家咖啡西点屋。创业开的店,就像怀胎十月生下的孩子,更加需要创业者的呵护。创业前的艰辛筹备自不必说,创业后的守业更不容易,所谓创业容易守业难,你可以凭借汹涌的激情和对成功的憧憬去创业,但无法凭借激情和憧憬进入到长期的日常经营中。当激情过去憧憬不再，来自方方面面的问题和压力等着你去化解时，你的管理水平、认知高度、视野角度、思维深度，以及抗压能力、营销能力等，都将接受现实的极限考验。

经过了三年多的起起落落，由于管理经营不善，生意像过山车一样把我转得晕晕乎乎，情绪也随着经营业绩的起伏而焦虑不安。直到从一个本来可以小富即安享受人生的幸运儿，几乎又要回到致富道路起点的时候，我渐渐清醒过来，认识到一个致富的真理——财富和你的认知是匹配的。

在经历了焦灼紧张、疲于奔命的三年后，我忍痛割爱，以极低的价格将连锁店转手了。

失败可以学习，成功无法复制。事后我静下心来，认真总结了没能持续经营下去的原因，借此机会分享出来。也许你正打算创业，也许你正在创业，以下几点失败的教训，但愿能帮你避开创业路上的一些坑。

1. 切勿什么事都自己干

从筹备公司开始，大到采购一台几十万的机器，小到定做一张餐巾纸，都是我亲自跑厂家看样品，亲自货比三家，亲自确定型号，亲自设计款式，亲自砍价、谈判、签约。公司经营上轨道之后，我几乎天天在店里和员工一起上下班。渐渐地发现，店长做事带人似乎没有之前积极了，当时我没有意识到真实的原因是什么。直到两年后店长离职时和我坦白说的话，让我一下明白过来：如果老板什么都要管，那还要店长、主管、经理这些人干吗呢？

我用了错误的招聘方法、错误的带团队策略、错误的合作模式，将陆续投入的四百多万元玩得血本无归。

当年我就是这样把自己累瘫了，还不招团队伙伴们待见。钱没了，人也没了，到最后员工们纷纷离职，去寻找能施展他们才华的一方理想土壤了。

2. 切勿当众批评员工

赞扬永远比批评更加有效地激励员工。这个道理很简单是吗？为什么那么多管理者懂得这么多道理，却依然管不好几百个人、几十个人，甚至连几个人都管不好呢？

美国有一个统计数据：管理者每批评一次员工，需要用三次赞扬才能平衡掉该员工的情绪。也就是说，作为一名管理者，对一个员工说三句好话，才可以对这名员工说一句"坏话"，说一句批评的话，否则你的批评就成了负向激励了。

更加重要的是，对员工的赞扬要在公开场合，对员工的批评务必要在私下里一对一地进行。否则，被批评的员工会急剧降低对你的信任和尊重。一个逐渐失去员工信任和尊重的老板，可想而知会带出怎样的团队。

3. 开源八分力、节流二分力

创业者要把主要精力放在销售上，销售上不去，产品做得再好，也是原地踏步，在当下更似逆水行舟。与同行相比，如果市场需求不变，销售下降了就意味着你的同行销售上去了。一把手抓销售并非说生产不重要，恰恰相反，产品质量是生命底线，生产质量的重要性是不容探讨的话题。

说开源比节流重要，也并不是要否认成本控制的重要性。管理专家们常常说，企业每省下一块钱，就是纯利润。这话固然没错，但它不完全对！商场如战场，进攻是最好的防守，销售就是企业的进攻。正确的认知是：

领导者应把有限的精力大部分放在扩大销售上，所带来的利润会远远大于把同样的精力放在节约成本上。试想一下，如果拿到一个新订单，是比较容易覆盖掉节约的一块钱的，而且，对一家企业来说，销售是没有上限的，节约是有天花板的。

创业初期应以追求利润最大化为目标，追求利润无非做好两件事：一件是开源，另一件是节流。企业的经营是一套复杂系统，对于复杂系统的运作，存在不确定性，在领导者的精力分配上，开源八分力，节流二分力，用好二八定律或许是面对不确定性的一个比较合理的方法。

以上是我对初创型中小企业经营管理的一点微不足道的反思，纯属个人愚见，仅供参考。

创业并不只是创业者的事，每个人都有业，职业、事业、家业，等等。只要你在生活，你就在创造生活，你就是在创生活之业。

／你正在创什么家业

伴侣之间的相处之道是什么？即使你有道理，也不代表你不用改变。这是创造生活这份"事业"时,我谨记的箴言。

后来通过学习和考评,我转行成为一名生涯咨询师。曾经有一位来访者,带着她婚姻中遇到的困惑讲出她的故事。

有一天她怨愤地对她丈夫说:"以前你还说很爱我,刚才你看我的眼神完全是嫌弃的意思……"

结婚十二年,她和她丈夫的关系从今年年初开始急转直下。她感觉丈夫对她越来越冷淡,开始嫌弃她,她觉得是她丈夫违背了当初爱的承诺,变心了,她感觉到了有可能会出现的结果,但并未找到关系恶化的原因。

她说:"我兢兢业业地工作,回家还要给孩子补习功课,自己平时也基本不买什么新衣服,全部收入几乎都用在了孩子和家庭开支上。作为一个现代女性,甚至都舍不得去做一下美容保养。一是工作和家务都已经忙不过来了,没时间去做;二也是为了家庭着想,现在各方面竞争这么激烈,孩子教育和家庭各项开支都需要钱,所以能省一点就省一点。我这么做都是为了这个家……然而,换来的结果却是,丈夫非但没有一丝感恩,而且似乎正和我渐行渐远，每天早出晚归，说是外面应酬，回到家不是刷手机便是倒头就睡，根本没有以前的嘘寒问暖，总是来去匆匆，这哪儿像个家呀！他是不是不爱我了？"

我沉默了片刻，说道："是的，他对你的爱正在减少，但你还有挽救的办法。"还没等我说完，来访者就抱怨道："如果真的不爱我了，那他真的太没良心了！之前还口口声声说爱我，说要呵护我一辈子，男人说话真的都是随口说说吗？"我说："是的，男人有说真话的时候，也有随口说说的时候。"她沉默了。

几秒钟后，我打破沉默："我们现在一起来分析一下婚姻生活的本质，好吗？"她稍稍平复了一下自己的情绪说："好的。"此时，我发现她眼里闪过一丝泪光。

"婚姻生活是正在进行时，不是一般现在时。"我继续说，"什么意思呢？一般现在时的结构是固定的，不变的，你想想生活是固定不变的呢还是不断变化的呢？随着婚姻生活的进行，我们也在一天天变老，变得不再年轻鲜亮。我们生儿育女，一天天拉扯孩子长大，也把二人世界的时间挤兑得所剩无几。同时，我们的父母也在渐渐老去，作为一个有孝心的儿女，看望照顾父母再次覆盖了所剩无几的时间和空间，还有工作带来的压力要花时间精力去缓解、去克服……"

她插嘴道："难道一个女人顾家不好吗？难道把时间放在父母和孩子身上不好吗？如今他却这样对我，就是冷暴力……"

我继续说："你做的所有这些并没有什么不好，但如果一件事要分好坏的话，这些做法也谈不上多好。如果你的所有想法、原则、道理带来的结果让你不舒服了，即使是'好'的道理，你也要去改变，因为'好'的未必是适合的。而不是一味地责怪对方，只要求对方改变，并以你有'道理'来证明你是对的，你不用改变。"

这次，她沉默了许久。

亲爱的读者，如果你已经年满18岁，如果你感觉目前生活得不是很舒服，那么你必须改变。改变那些你原有的想法、遵循的生活原则、领悟过的大道理。

我继续和她说："你可以匀出一些时间放在自己的独立成长方面，比如读一本喜欢的书，做做运动，来一次说走就走的旅行，等等。"

来访者又开口了:"这怎么可能呢?我本来时间就不够用了,你居然还建议我去做这些事情……"

此时此刻,我突然想起鲁迅先生说过的一句话——时间就像海绵里的水,挤挤总是有的。停顿了片刻,我缓缓地说道:"送你一句话,没时间是结果,它不是原因。"

她听完我这句话,用错愕的表情看了我一眼,眼神里是一个大大的问号。

于是我又重复了一遍刚才的话:"你必须匀出时间来,放在自己的成长方面。你可以有时间,也一定会有时间,只要你愿意去做。如果你想挽救这段婚姻,如果你想经营好生活,如果你想要打造一个和谐美好的家,你就必须分配出时间放到自己身上,从改变自己做起,让自己由内到外与时俱进,成长起来,成长为那个你想要成为的自己。你不希望自己更漂亮一些吗?你不希望自己更有内涵一些吗?你不希望自己视野更宽广一些吗?你不希望孩子成长得更优秀一些吗?你就是孩子的榜样,你的高度就是孩子模仿和超越的高度。在长久幸福的婚姻关系中,我们的另一半从来不是乞求来的,而是吸引来的。所以,要想创造美好的家业,让自己变美好是第一要务。"

我想，这位来访者是一位能够真诚面对自己的人，她的主动求助已经证明了这一点。我也充分相信她，未来不管发生什么事情，她一定会主动先从自己开始做一些改变的。

第六章

打造你的三颗"心"

想要成事,必须准备好三颗心,一颗是耐心,一颗是信心,还有一颗是勇敢的心。

想要成事，必须准备好三颗心，一颗是耐心，一颗是信心，还有一颗是勇敢的心。

要打造这三颗心会有一些辛苦，但人生就两杯水，一杯苦水，一杯甜水，我的观点是先喝"苦水"，再享受甜蜜的生活。

✦ 准备好五年的耐心

耐心是什么？你的耐心有多久？耐心是一个人能够忍耐一件事的发生发展的时间长度和空间深度。我们常常说的一个人的能耐，更多的是指这个人的耐心，这个人有没有能力耐得住、长期主义地去做一件事的心境。

从小我们就被教育做事要有耐心，我很早就想问，这耐心要多久？我相信你也想知道答案。

耐心是一种代价，即你愿意为达成目标而付出的代价。除了经历酸甜苦辣外，其中一项就是付出的时间成本，时间成本是耐心的代名词。

耐心是有风险的，很多时候，我们耐心地攀爬到梯子的顶端，却发现梯子搭错了墙。

在这个飞速发展的时代，谁都希望快速致富，迅速成功。坊间经常听到"出名要趁早"之类的话，但我不赞同这样的说法，任何事物发展都有它的规律，遵循自然规律发展的事物才是有生命力的，具有明显生命特征的人的发展，就更无法颠覆大自然的演变秩序。但在社会过度竞争的当下，人们总是有意无意地渴望速成。

耐心既是一项能力，又是一个时间概念，一般来说，耐心的时长为五年。这是为什么呢？根据10000小时理论，我们从事某个职业或学习某项技能，从陌生到精通一般需要10000小时。每天8小时，每周5天，10000小时大概就是5年。

有一组数据，说100家企业经营到第五年时，基本就剩下5家存活，再过5年这剩下的5家企业中也就还有一两家继续活着。也就是说，即便具备了奋斗5年的耐心，到最后，达成目标的概率也就 5% 左右。假如我们连 5 年的耐心都没有，那么，梦想的实现对我们来说基本是遥不可及的。我无意于打击你追求成功的积极意愿，承认现实情况，然后勇敢地想办法去面对挑战，才是我们该保持的理性心理状态。

耐心还是一种生活态度，甚至会融入骨血，成为个人素养的一部分。

多年前，我只身前往英国游学，寄宿在当地老百姓家里。每天清晨，我 6 点起床，6 点半到达公交车站，等候搭乘一辆 2 路公交车前往学校，站台后面有个小土坡。这一天我和往常一样，早早来到公交站点候车，站台上一个人也没有，车也还没来，于是我趁着这个间隙，沿着站台后面的台阶走上小土坡，呼吸着清晨的新鲜空气，做几个拉伸动作。此时，一个七八岁的小男孩也来候车，紧接着，一位妈妈抱着一个婴儿也来到候车点。我继续做着拉伸，不一会儿，我一转身，发现 2 路车开进了站台，车门正打开，这时，正好站在车门口的那个小男孩看向我，伸出双手示意等我先上车，旁边比我晚来的那位抱着孩子的妈妈也看向我，等着我先上车。原来他们是觉得我比他们早到，应该比他们优先上车,我脑子激灵了一下,好像被什么东西撞到了,马上一边赶紧跑下台阶来,一边示意他们可以先上车。

还有一件事是我的一个朋友亲历的。他有一次在澳大利亚的一个商超里买好东西到收银台结账,当时只开了一条收银通道,排队结账的顾客渐渐多起来,就在这时,旁边的一条收银通道也开启了,我的这位朋友正在想着要不要过去旁边结账时,排在他紧后面的顾客对他说话了,大意是"我可以去旁边的收银通道结账吗?"朋友说,紧后面的这位顾客认为他排在前面,有优先选择的权利。

这是日常生活中两件很小的事情,却结结实实撞击着我前半生建构起来的快节奏生活理念。不同文化孕育出的行为方式,让我思考成长的不同路径,跨文化带来的冲击,也让我对耐心有了更深一层的理解。

有这样一个故事。我的一个朋友去欧洲海岛度假,岛上有一家咖啡店和一家小得不能再小的便利店,咖啡店的桌椅摆在沙滩上,我的这位朋友坐在桌边喝着咖啡,欣赏着海浪轻轻地拍打着沙滩。他静静地看得出神,忽然肚子咕噜地叫了一声,他想起来还没吃早餐呢,不远处的便利店清晰可见，大概距离他一百来米，看了看周围没一个客人，连服务员都远远地在吧台那边忙着什么，他想着去便利店买个面包充饥吧，又怕服务员把他才喝了一口的咖啡收走。犹豫了一下，他选择迅速地冲向不远处的便利店，拿了面包到收银台结账，结完账，拿着面包转身冲出了便利店，跑回他的座位旁，看见咖啡还静静地放在桌上，他舒了一口气。

这时候服务员好奇地走过来问他："您有什么需要帮助的吗？跑得这么急？"被服务员这一问，我这位朋友一时语塞，是啊，干吗这么急呢？"我这是来度假的呀！即使咖啡被收走也没有关系，这样急匆匆地跑来跑去可不像是在度假呢！况且岛上咖啡店的服务员似乎也没那么勤快，好像也不太会没等你喝完咖啡，就来把你的咖啡杯收走吧。"

我的朋友说："如果没有服务员的疑问，我的度假的悠闲心情差点就被一次害怕失去咖啡的念想给破坏了。我不知道自己在着急什么，是害怕失去咖啡？还是害怕咖啡被人下毒？这让我想起以前在家吃饭时，常常在我细嚼慢咽时，妈妈一边收拾着其他人吃完的碗碟，一边催我快点吃,妈妈的勤快会让我产生些许焦虑。这究竟是妈妈的问题,还是我的问题呢?"

在这个飞速发展的时代,人们的血液里似乎流淌着勤快的基因。勤快有时候会变成着急,急促,想要快速地完成一件事,却忘记了为什么。就如同人们风风火火地加班熬夜,辛辛苦苦地挑灯夜读,日复一日地奔波,谁都不愿停下来,不敢停下来,仿佛停下来几秒钟都害怕被别人超越。在这样的奔忙中,人们渐渐失去了耐心。

我常常问自己,人的一生到底在追求什么?金钱、权势、地位、名誉?然而这些似乎并不能和快乐幸福画等号。活着的意义是什么?如果能耐下性子来,把一件事情做到极致,比如耐心地喝完一杯咖啡,或者细细地咀嚼一个面包,也许更能品尝出生活的滋味。

准备好五年的耐心,就请写出五年的规划,不必长篇大论,言简意赅就好。把五年的目标分解到每一年,写下你每年希望达成的目标,要把目标写出具体数字。

比如想赚钱,就请写出具体金额,一定要可量化,同时写下达成的步骤,发挥你的想象力,大胆假设,小心求证。请勿拘泥于规划的格式是否完美,以免让思考陷于谨小慎微或画地为牢，我们生活工作中的很多时候，完成比完美更重要。

把你的主要时间投入到接下来的五年的实践求证中，你会发现，在实现目标的过程中，会不断地遇到新的问题，也会不断地产生新的办法、策略来协助你克服困难，解决问题，甚至会纠正你的目标方向，让它变得更合理。

／信心来自正面思考

如果你都不愿意相信自己，那么谁来相信你？碰到任何事，都要对自己有信心，换句话说，就是"我搞得定"！

听上去这似乎是在吹牛说大话，我们或许可以换个角度看看，有没有人牛吹多了最后也会成真的？想想看，你周围有没有这种情况？虽然是极少数，但一定有，这是为什么呢？

信心来自正面思考，面对问题每次都正面思考，每次都想好的一面。

我们有时候想要的太多，所以会焦虑、抑郁、睡不着，事实上，我说的信心，不在于你说了什么，而在于你做了什么！那些成功的人也曾经说过"大话"，但他们坚定地朝着他们"大话"的目标展开了行动。也就是"吹好牛"之后的思考：如何做才能够搞得定？这才是充满信心的实操课。光嘴上说充满信心不费吹灰之力，我们常常发现，周围知道什么的人多了去了，可是做到什么的人就不是很多了。说说谁都会，能躬行的又有多少人？

✔ 人在职场，需要信心

朋友在工作中遇到这样一件事。有一次，领导找他开会布置工作，他带上笔记本去听，领导布置了五个任务给他，他认认真真地在笔记本上记下来。

然后当他回到办公室，他的助手就问他："刚刚领导布置了那么多的工作，后面两项好像根本没办法完成啊，你怎么什么都没说就都接受了呀？"

我这位朋友说道："我没有接受啊，我只是把领导布置的任务记下来了，代表我认真地在听领导布置任务，我没有反驳领导，就表示我们有信心去完成所有任务，但我也没说一定能完成。"

"你别着急，"他安慰助手说，"我们先去完成前面那几项简单的工作，另外几个短期内好像不可能完成的任务，也是我们基于目前所掌握的信息的推断，不一定准确，我打算接下来先到下面相关部门去做个调研，了解下具体情况，做个项目可行性报告。"

那几项较为简单的任务没过几天就完成了，接下来，他们开始跑相关部门，为另外那两项他们以为不可能完成的任务做调研。

他对助手说："首先，我们在调研过程中，任务是否可以按时完成会逐渐清晰起来，如果可以完成，那必须完成它；但如果无法完成，被调研的部门会告诉我们不能完成的理由，然后我们把这些理由记下来，形成一个文字稿，这就是我们向上汇报的依据。其次，领导在布置给我们工作后，也会来了解我们完成任务的进展，我们必须如实且尽早地反馈，他可能也会关注我们在完成任务的过程中，是不是遇到了难题？任务是不是难度过大了？也有可能在我们还没向他反馈任务难度的时候，他就已经发现了任务的难度，甚至具体卡点在哪里，他都已经想明白了，这个时候他也可能会主动来找我们，问我们任务完成得怎么样了。一方面他是来看我们对他布置的任务是不是在认真执行，另一方面他也想听听我们在完成任务的过程中碰到了哪些难题。所以这个时候，我们完全可以如实汇报，我们花了一周不到的时间，完成了前面三项任务，后两项任务，我们去做了调研，这两项任务完成起来比较难，原因是什么。"

当时他们的领导说："我知道了，这两个任务的确有难度，你们也尽力而为了。这样，这两个事情先放一放。辛苦了，二位。"

朋友后来说："你看，我没有得罪领导，任务也完成得不赖。作为下属，必须重视上级领导布置的任务，最初我是真诚地想把这几件事情都去尝试完成的。最后容易的先完成了，完不成的也有理有据地跟领导汇报了，领导不会认为你没认真工作，领导会觉得自己被尊重，所以这样的下属值得信任。"

因此，在职场上，如果领导找你谈话，你一定要做到三点：一是必须带上笔记本和笔立刻去；二是必须在领导讲话的时候做记录；三是必须接受领导布置的每一个任务。切记永远不要在现场和领导辩论。

❘ 信心体现于行动，行动发源于信心

充满信心，是一个人成事的关键，极致地充满信心就成了一个人的信念。

我有一个朋友，在她的成长道路上，音乐一直是好伙伴，她说："每当听到优美的旋律，内心就会翩翩起舞，小提琴的悠扬婉约曾拨动我的心弦，钢琴的流畅灵动、深沉浑厚更是唤醒了我心中对音乐的热爱。两年前，我下定决心要学会钢琴，我知道光有信念不会成功，它必须基于具备可行动的条件才有可能成真。"

她说："当我发现自己有足够的时间练习（每天一小时），老师每周一次的授课我能理解，每次复课都完成得不错，这时候，信念开始起作用了。如今我已经可以看着五线谱弹奏曲子了，当美妙的旋律从自己手中流淌出来，我更加深刻地相信，信心需要行动伴随，信心是行动的灵魂。"

缺少信心的行动就如同海上失去了罗盘指引的航船，在暴风雨中时时有倾覆的危险；而没有行动伴随的信心，则如同梦中的情人、水中的月亮，除了短暂的自我陶醉，

别无他用。

一些人常常停留在想和说的层面上，减少能量消耗是人类的天性，毕竟行动要消耗更多能量。但就算地上有黄金，也得弯下腰去才能捡起来。如果缺少了行动的加持，再好的信心都是空想。当然，如果没有信心和想法，根本就不会产生行动。

这个世界有太多奥秘还未能被科学解释，我们迄今为止所知道的其实只是科学的冰山一角。如果你对自己充满信心，就大胆些，积极些，善意些，正面思考经常会带给我们正面的结果和意想不到的收获。

比如碰到一件想买的衣服，它确实比较贵，但你还是要说"我买得起"，当然这不是重点，重点是思考"我要怎样才买得起"。你必须满怀信心地告诉自己"我一定有办法的"，"我一定会买下它"！并把这种信心传递给与这件事相关的人。

对自我暗示原则的理解和运用，更可能带你走向从容和富足的人生。

为什么好事情不属于你而坏事情属于你？为什么成功不属于你而失败属于你？为什么发达不属于你而贫穷属于

你？早在十四世纪，荷兰的圣劳伦斯大教堂里面，就写有这样一句话："痛苦来临时，不要总问，为什么偏偏是我？因为快乐降临时，你可没问过这个问题。"

我们都会用赞美来激励别人，让他们对自己更有期待，同样地，当我们听到别人赞美我们时，也会对自己更有信心。事实上，我们说的每句话、做的每件事都在塑造一个"场"，这个场吸引着所有围绕着你的好事或坏事。

在成长的道路上，不管你的人生目标是什么，都以信心为起点，正如拿破仑·希尔在《思考致富》一书中所阐述的：信心是所有"奇迹"以及科学原理无法解释的奥秘的基础。

／ 用勇敢的心掷出人生的骰子

洛克菲勒在写给儿子的一封信中说："如果一个人认为自己比不上别人，他就会表现出真的比不上别人的各种行动；而且这种感觉无法掩饰或隐瞒，那些自己认为自己不是很重要的人，就真的会成为不是很重要的人。"

这段文字比较抽象，我是这么理解的：假设 A 状况，不需要花费一分钱，但要求你必须这样思考：你没有觉得自己比不上别人，你做的好多事真的没有比不上别人，即使有，那也是暂时的；你认为你很重要，至少对你自己来说是这样，你是自己最重要的朋友，你爱你自己！

B状况，同样不需要花费一分钱，但要求你必须这样思考：你觉得自己比不上别人，你所做的每一件事都比不上别人；你认为自己是很不重要的人，你觉得自己处处低人一等。

好了，请问，面对A和B两种状况，你选哪一种思考方式？选A或选B你都不会损失任何东西，你会选哪种思考方式？

你有什么理由不去选择A思考方式呢？

心理学家把勇敢的心解释为勇气，把一个人是否具备勇气概括为是否具备面对内外阻力时努力达成目标的意志。它包括：

1. 真实性　不掩饰自己的意图，对自己的感觉和行动负责。

2. 勇敢　在困难和痛苦面前不退缩，为正确的事物辩护。

3. 恒心　不顾艰难险阻有始有终地坚持行动。

4. 热忱　饱含激情，不半途而废，活泼有生气。

在我还年轻时，我以为路见不平拔刀相助就是勇敢，年轻气盛动不动便伸出拳头就是勇敢，下手没个轻重根本不考虑后果便是勇敢。

长大后，我终于知道，我错了，年轻气盛不是勇敢，而是莽撞和无知。遇到鸡毛蒜皮的事情就直接抄家伙的也不是勇敢，是鲁莽。鲁莽不是勇敢，就像幼稚并非善良；麻木不是深沉，如同怯懦并非稳健。

勇气存在于每个人身上，有些人会被激发出来，有些人却会显得缺乏勇气。真正勇敢的人是那些头脑有控制力的人，也就是我们平常说的有忍耐力、意志品质坚定的人。

勇气是一种自律、自控，更是一种坚持、一种智慧，是遇到失败时的不气馁，是动情宜自禁、得意不忘形的一种能力。它绝非与生俱来，而是后天培养，积累沉淀，厚积薄发出来的一种气场。

扎克伯格的妻子陈慧娴在谈到她的成长经历时，曾说道:"我上中学时,被人霸凌,我躲在厕所里吃午饭,因为我不想去操场上吃,怕被欺负,但我想我不能一辈子这样啊,我想要活得更好。六年级时,我告诉自己要努力,我并不知道未来会怎样,只是努力学习,我一定要翻身,我一直坚持这个信念。后来我考上了哈佛大学,不过当时我有点恍恍惚惚,我父母没上过大学,连英语也不会说,考哈佛,也只是一个想法,当时根本搞不清楚到底能否考上,我家没有任何资源,所以,或许考不上才是正常的。我当时并不知道如何实现上哈佛的想法,更不懂得要足够紧张地学习。后来真考上了哈佛,才发现自己是哈佛的'圈外人'。同学们穿的衣服,我都不知道可以去哪儿买,扎克去过的地方,我都没去过,还好,并非只有我是这样,还有其他一些人与我经历相似,而他们却在回馈着社会,我也想这么做。后来,这成了我的使命。迄今为止,我学到的最重要的事情是:如果你躲藏,你就毫无力量;如果你躲藏在厕所里,如果你躲藏在自己的梦想后面,你就毫无力量。但是如果你能勇敢地直面困苦,你能直言为何你与众不同,你能直言你到底有何经历,你就能获得力量!所以我一直都在努力展示真实的自己,毋庸置疑,这需要莫大的勇气。我不再躲躲藏藏,勇敢地直言我的经历,勇敢地直言我的感受。因为不再躲藏的你,才是最棒的你。"

这段话带给我莫大的感动。勇气,有时候只是不再让自己躲藏起来。你可以视有勇气的人为英雄,表面上看不出什么不一样,他们可能只是那些比别人多勇敢了五分钟的人,而恰恰是这五分钟,让这些人变得与众不同。

有这样一个故事。我的一个朋友拍租一个闹市口的店面,他之前已经在那里经营了三年,竞争对手看他们生意好,就来抢拍了,而且拍卖当天带了很多人到现场。而我的这位朋友,只是孤身一人在拍卖现场。

几个标的拍过后,人群一哄而散,拍卖场除了几个工作人员外,只剩下竞争对手的十几个人,还有他。当双方各自举着叫价牌互不相让时,对方的一个小混混模样的人冲过来狠狠地踢了踢他面前的桌子,指着他的鼻子说:"别举了!"

不知是哪来的勇气,朋友说,那一刻他还不确定自己是否真的这么勇敢,他端坐在那里,纹丝不动,丝毫不理会对方的警告,依然朝着他的标的举牌……

当时他心中只有一个信念,那就是正义一定能够战胜邪恶。不过他后来也坦言,当时内心狂跳,分分钟都有撑不下去的感觉。但那一刻他坐姿如钟,毫无表情,除了不停举牌,没有任何多余动作,目不斜视,只有余光警惕着周围的风吹草动。

也许是一身正气镇住了竞争对手,或是被他的毫不退让惊到了,在他最后一次举牌后,对手没有再继续纠缠下去,而是从他面前大摇大摆走出拍卖场。

事后他庆幸自己躲过一劫,我们都夸他勇气可嘉,而他却直言道:"如果再遇到这类状况,也许会选择妥协,没必要以可能危及生命的方式作赌注,那不是勇气,而是莽撞。"

勇敢的心,是越王勾践的卧薪尝胆,是韩信的甘受胯下之辱,是黄继光堵枪眼的胸膛,是董存瑞举起炸药包的手臂,是邱少云岿然不动的身躯⋯⋯

勇敢的心,是威廉·华莱士为了反抗英格兰统治而发出的一声呐喊,是不做沽名钓誉的事,是不畏强权,不惧恐吓,直面困难,感恩批评⋯⋯

勇敢的心是一颗向往自由生长的心。

第七章
享受变化与成长

如果你觉得目前的自己还不是那个你想要成为的自己,唯一的办法是,对自己过去的某些思维和行为方式做出调整,做出改变。

有变化的才叫人生。

一位女士对于丈夫未和她商量，就入手了一辆上百万的豪车，而气愤不已。她认为对方非常不尊重自己，于是和丈夫大吵了一架，吵完之后仍然不解气，问题也似乎没有很好地解决，内心觉得太委屈，来找我，希望我能给她一个方法治治她的这位不把她当回事的另一半。

我听完这位女士的叙述，和她交流了以下三点，劝她试着改变一下思维方式，试着这样思考这件事：第一，思考丈夫如果不是把这笔钱用来买车，你能保证他一定会花在你身上吗？不一定吧，如果丈夫去干了别的更让你糟心的事呢？第二，思考对方为什么不提前征得你的同意，即所谓的不尊重你了，思考如何在亲密关系中建立起相互尊重有商有量的氛围。第三，审视自己的年龄和状态，是否符合这个年龄阶段应有的认知与心智。

我对她说:"尊重是靠自己建立起来的。你用运动换来的健康,用阅读换来的智慧,用常常参加社交活动而打开的视野格局,会给你赋能,靠种种正能量的事情建立起来的自信、自尊,以及积极良好的身心状态,会持续吸引你的另一半,才能真正执子之手与子偕老。"丈夫妻子角色互换,也是同样的道理。

在关系中终身成长

婚姻对于大多数人来说,是人生路上的一个驿站,有些人在一个驿站里终老;有些人会中途离开最初的驿站,进入下一个驿站;还有些人,终身不入婚姻这个驿站。

婚姻有七年之痒一说,婚姻中的亲密关系也需要打破锚固思维,用与时俱进的眼光去看待婚姻中出现的问题,唯有改变会带来新的生机。改变的方法就是不断地让自己在事件中学习、成长,以开放的心态去拥抱观念的变化,去拥抱自己的每一次成长,做一个独一无二的自己,努力去成为你想要成为的那个人。

有一个朋友,60岁和丈夫离婚了,我问她:"为什么60岁了还要离婚？"她说："离婚和年龄没关系，和心境有关系。如果你天天沉浸在一个抱怨和敌视的家庭氛围里，并且发现已不可逆时，你还会继续和这样的人共度余生吗？"

我沉默了片刻，又问道："那你当时为何要选择他成为你的另一半呢？"她说："当初我爱他，他也爱我，爱情里没有防腐剂，如果任何一方不好好保养它，爱情就会变质，这种保养不是一天两天，也不是一年两年，是数十年如一日，是一生要做的一件事。"

我问道："这件事是什么呢？"她说："就是终身成长。不是仅仅去学习知识，是学习拓宽知识面，学习接纳不同的声音，学习如何增长见识。如何交流这些获得的知识和增长的见识，并和另一半达成一致，或者至少能够保持求大同存小异的价值观。既然两个人生活在一起，就必须是两个人一起发力，共同成长，才有可能相伴到老。"

流水不腐，户枢不蠹。这个世界，只有一样东西是不变的，那就是"变化"。

春天到来的时候，万物生机勃发。自然有道，道即事物发展变化的规律，宇宙更有着它神奇的运转法则，一切都在变化中发展，在发展中变化，没有一成不变的东西。

你现在是个什么样的人，源于你过去的思维和行为。如果你认为目前的自己还不是那个你想要成为的自己，唯一的办法是，对自己过去的某些思维和行为方式做出调整，做出改变。这个世界上，不存在既能够坚持着过去的思维和行为方式，又可以带来不同结果的人。

几年前，即将离任的亚马逊 CEO 杰夫·贝索斯发出的任内最后一封年度致谢股东的信中分享了一个小故事：

"我认识一对幸福的夫妇，他们在相处中经常会遇到这样的场景：丈夫假装痛苦地看着妻子，对她说：'你就不能正常一点儿吗？'然后他们大笑起来。当然，事实是，他喜欢她的独特之处。但是，与此同时，如果我们稍微正常一点，事情往往会变得更容易，消耗更少的能量，这也是事实。"

"拥抱自己，拥抱差别，做一个与众不同的人，做一个独特的自己是值得的，但不要指望这是容易或免费的。我们必须不断地投入努力，经历苦痛，甚至是牺牲生命。"贝索斯继续说，"要保持善良，要有独创性，给予这个世界的东西最好比你从这个世界索取的东西多，世界因为你的与众不同而充满活力。"

有一次我的孩子问我："爸爸，我们是不是生活得比别人家幸福呢？"我深情地教导她说："一个人活得幸福不幸福，不是和别人比出来的，就算你比这个人幸福，你也未必比那个人幸福。幸福是和你自己的过去比，你每天进步一点点，你就会感觉到自己比昨天幸福一点点。而主动求变正是创造这种进步的根源。"

幸福是永恒的话题。在我们的生活中，一意孤行的人不少。假如你的周围也有一些认死理的人，该怎么办呢？可能要先从你开始，你先改变了，然后对方可能被你影响也开始改变，你们就可以重新开始一段新的关系，一次螺旋上升的重新开始。

现实生活中所有的关系都是阶段性的,包括婚姻关系。如果你把它看成是永久性关系，你的这段关系就非常可能出现问题。这也是婚姻制度可能带给你的误解——你以为关系是永久的，你不用成长了。

/ 改变自己，从拥抱母亲开始

1993年初春，我离家两年多之后，回到了家乡——江南的一座小城。两年多以前，我离开家乡开始了一段从军生涯，这是服役后的第一次探亲假期。

为了给父母一个惊喜，我事先没有告知爸妈具体到家的时间。家里搬迁了新的地址，我顺着父母信中的门牌号找到了新家。不巧，家里没人在，于是我联系上姐，姐说："妈退休后在会计学校传达室上班，帮助收发信件包裹。"

会计学校离新家不远，我三步并作两步，直奔学校。快到校门口时，透过窗户看见传达室里有两三个身影，我一把推开门，大嗓门叫了一声"妈"！母亲先是一怔，没等她反应过来，我上前一步紧紧抱住了她。

现场非常安静，突然见到分别两年多的孩子，母亲好像没有太兴奋的样子，但我这一拥抱，似乎把母亲身旁的同事惊到了——我分明看到了这位阿姨充满笑意的脸上那湿润的眼眶。

中华文化是含蓄的、内敛的，也许我们和母亲在心中已经拥抱了无数次，却始终无法在现实生活中深情地拥抱一次。母亲一定会从孩子的拥抱中感受到孩子对她的爱。任何一位母亲，都值得享受这样爱的回馈。

这种爱，好似在经历风吹雨打后，归巢的鸟儿扑进母亲的怀抱。好似在经历了社会的捶打后，孩子感悟到的真切的父母之爱。

当你老了，你不可能要求子女陪伴你的时间多过他们陪伴他们孩子的时间。每一代人都是在养育下一代中报答着父母辈的恩情，这与子女对父母辈的孝顺并不矛盾。

如同每一对愿意为孩子牺牲的父母，知道生命的更迭，无情却有序地进行着，孩子们在倾心竭力养育他们的孩子，把家族血脉传承下去。一代又一代，上一代为下一代牺牲着，也幸福着。生命，不断重复着这样的循环往复。

不过我们可以给父母一个拥抱，来弥补些许缺失的陪伴。我们的一个拥抱远远胜过我们人在父母身旁，却只顾刷着手机的每一分钟。

我并不是一个热衷和熟稔于拥抱的人，回忆和母亲分别两年多后的那一次拥抱，是积累了近800天的思念，在一瞬间的自然喷涌，用一次紧紧地拥抱完全释放了出来，我相信母亲感受到了这份思念和爱。尽管她的表情似乎没有任何变化，但我相信她的内心一定也是几百次地想拥抱我。就像我们看到我们的孩子蹒跚学步时，怕孩子跌倒，紧紧抱住他们的瞬间。

　　拥抱父母，给父母快乐不是最大的孝顺吗？虽然传统内敛的文化难以在一夜之间改变，可如今是最好的时代，不必太多顾忌去表达你心中所爱。面对父母，大大方方地给一个拥抱，顺畅地表达出内心情感，既把快乐带给了父母，又是一种抚慰自我的方式。一个拥抱，爱了家人，也爱了自己，这是多么美妙的一件事啊！

　　当我们还小的时候，总是会有事没事往父母亲身边挤，可长大之后靠近父母的时间就变少了。如果突然去拥抱，这改变好像不大容易，就像你很难再随手牵起已经长大成人的孩子的手了。你也不知道你们之间到底产生了什么变化，你和你的父亲母亲，你和孩子，就是不能再像你小时候那样，像你的孩子小时候那样，毫无顾忌地拥抱在一起了。也许是文化，也许是性格，也许是内心缺少一种力量，那种心力你甚至都不知道自己曾经拥有过，如今早已被人情世故、工作生活挤出了你的内心世界。在不知不觉中，你似乎丧失了拥抱年老的父母、拥抱成年的孩子的能力。

不要让表达爱、感受爱的能力随着时间而消失，从现在开始改变，从拥抱母亲开始，相信自己，你一直都具备表达爱和感受爱的能力。

／ 因为改变，未来的画卷正为你打开

我不只是在这本书里和你讨论成长的理论知识，如果你愿意，我愿意带你实践这些知识。前提是，你必须真诚地渴望走上终身成长之路。我说的是渴望，不是希望。

而且，只要你渴望，你就能做到。因为渴望，你会充满激情。

特朗普曾在书中写道："你必须做自己喜欢的事情，没有激情，难成大事。"

生活不需要你拥有 MBA 学位或强大的商业背景；

生活不需要你一定要辞职创业；

生活不需要你非得是一位"销售天才"；

生活也不需要你逢人就滔滔不绝口若悬河；

但生活需要你：

必须愿意为实现目标付出汗水；

愿意不断学习；

愿意成长；

愿意行动，愿意改变。

第八章

立即行动

如果实在想不清楚怎么干,那就先制造出一个事件。对真实世界先发第一颗球,看到反馈后,你再跟上,边跑边思考边调整步伐,这个世界上大量建设性的结果都是这么来的。

作家三毛说:"等待和犹豫是这个世界上最无情的杀手。"你是否曾经一直在等一个合适的时机做你想做的事,然后又一直在犹豫中虚度时光?

✐ 行动是实现梦想的唯一途径

并非每个人都具有行动的勇气,高效行动是领导力的特征,立即行动可以让你把梦想看得更加清晰。

行动力可以培养,怎么培养?立即去尝试。只有尝试去做时,这些问题才会浮现:

你每天对自己说什么话?

当被指责、被批评时,你对自己说什么?

当犯错、失败的时候,你对自己说什么?

当看到别人的错误和不完美时,你脑子里在想什么?

当没有得到理解或认可时，你脑中冒出的念头是什么？

当负面情绪来临的时候，你的第一反应是什么？

当意识到自己缺乏行动力时，你对自己说什么？

你是否留意你的身体想跟你说什么？

你是否想对自己的人生愿景和方向有更多的思考？

在我的成长过程中，面临过几次重大转变，也曾数次问自己："何时才是做出抉择的好时机？"总觉得当下不是最好的时机，这看上去像是在审慎安排行动时间表。一段时间后，我才发现这其实是内心害怕转变、害怕行动可能会带来不良结果的恐惧心理作祟。

一件事从想到做的确需要时间去准备，但现实生活中我们迟迟不行动往往不是准备不足，而是过度争论，或是寄希望于时间能把设想渐渐发酵成行动的勇气，确保十拿九稳或至少有百分之七八十成功的把握才行动。实际情况是，时间只会把想法发酵成一团团五光十色的烟火，然后逐渐地消散在等待的空气中，甚至连当初是为了什么想要出发都已经模糊不清了。

时间成本是我们成长必须要付出的代价，但我们可不能因为犹豫不决、害怕行动失败而消极等待。消极等待就像一个暂停键，你的生命在流逝，而你的人生剧本却停在原地，没有任何进展。任有限的时光一分一秒地走过，一年又一年地飞驰而过，直到有一天蓦然回首，发现你的人生旅程不止一次地被等待拖延，被等待阻断，甚至错过了命运的召唤。

想起小时候听过的一个故事，说兄弟俩出去打猎，突然发现天空中飞来两只天鹅，一个说我们把它打下来烤着吃吧，另一个不同意，说打下来煮着吃更好，兄弟俩一来二去终于达成一致：打下来后一只烤着吃一只煮着吃。于是张弓搭箭瞄向天空，可想而知，天鹅早就飞得无影无踪了。

生活中，我们也常常遇到思前想后、踟蹰不前的时候，这是人性的弱点。人人都希望完美，但是，生活中几乎没有什么事情是可以达成完美的，完成好过完美。

你想学舞蹈，还要跳得好，光靠人教可不成，重要的是你得自己跳，而且最好是马上就跳；你想要演讲讲得好，光靠人教也不成，你得自己走到台上去讲，最好是马上到台上去讲；你想要获得财富，不管通过什么，你得马上行动起来。就算遍地是黄金，你也得弯下腰去捡吧，而且必须迅速行动，否则很快就会成为别人的囊中之物。黄金和其他所有好东西一样，从不等待迟疑拖拉的人。

✎ 对真实世界先发一颗球

在足球比赛中，临门一脚最忌讳的就是犹豫不决。机会稍纵即逝，害怕承担责任，渴望找到最佳射门角度，以至于明明可以起脚射门了，却还是传给队友，倒来倒去错失了最佳破门时机。

武磊是中国人打入巴萨进球第一人。思路清晰地跑位，果断地起脚射门，球贴地飞行直击远角，角度稍微偏一点点就会打到球门框外，但追兵已到，不容思考，立即行动，果断完成射门就是武磊一个优秀前锋的行动力。射门，50%的进球概率，不射门，进球概率是零。

罗振宇在一年的得到跨年演讲中，提到来自哲学家齐泽克写的一本书叫《事件》。书里有这么一句话："什么是事件？事件就是某种超出了原因的结果。"罗振宇说这句话给了他很大的震撼，那就是过去我们往往觉得做事就要有计划,别鲁莽。但事实上,这个世界一直给莽撞的人留了一条出路,那就是直接行动制造一个事件。

是的,立即行动,去制造一个事件。我们都知道事件大于我们的认知。不行动不做事,一切只是在你自己的脑子里而已。只要你发起一个事件,你就一定会发现在你的预期之外有大量的意外,大量的始料未及。

正如齐泽克说的,事件的结果一定超出我们事先的料想。除了挑战,事件也可能带来远远超过本来我们脑子里计划的收获。

假如未来某一天你和朋友聊到本书,又恰巧你的朋友也读过,这会拉近朋友和你之间的距离;这就是你生命中的一个事件。你的收获不见得来自书本内容,但你一定会有一些始料未及的收获。比如认识了一个同样喜欢这本书的新朋友,比如发现原来书中还有你没有读到的东西,或者你从已知的内容里又解读出了一些新东西。

如果实在想不清楚怎么干,那就先制造出一个事件。对真实世界先发第一颗球,看到反馈后,你再跟上,边跑边思考边调整步伐,这个世界上大量建设性的结果都是这么来的。

小米创始人雷军曾说过:"站对了风口,猪都会飞起来。"这是行动的另一个好处，行动可以帮助你尽快地找到那个风口，当然，前提是，你必须是一头聪明的猪。

最终打开成就之门的人都是那些具备高效行动能力的人，这种能力的核心是专心致志和坚持不懈。专心致志代表你的注意力，坚持不懈则与你的情绪控制力、毅力、体力相关。在行动过程中，我们必须不断提升这四种能力。

开始行动意味着你要立刻聚焦到一个点上，即如何实现你的梦想。而不是任由自己的注意力被那些头条新闻或手机里铺天盖地的信息吸引走，那些声音时时刻刻在把你的精力从真正重要的事情上分散开来，不管是经济衰退还是贸易战，抑或是隔壁邻居的吵架，都和你创造自己的美好未来没有什么关系。

即使是经济萧条的时期，仍然有发财的人；即使是经济繁荣时期，也仍然有许多人忽略了对自己未来的掌控。现在的你，希望成为哪一个？著名读书人樊登总结了三大成功定律：不满足，坚定初心，立即行动。

好了，对于什么时候开始行动，你已经有答案了对吗？是的，答案就是现在！马上！立刻！实践是检验真理的唯一标准。开始行动吧！此刻，我仿佛看到，你已经在路上了。

第九章
学会公众表达，你会飞起来

演讲并不高深，演讲说到底就是表达，表达说到底就是说话。
学会演讲，也就是学会好好说话，聪明地表达。

讲一个我的故事。第一次面对公众做演讲,这次演讲的目标是让大家认识我,时间五分钟。

尊敬的主席、尊敬的主持人,亲爱的各位朋友,大家上午好!我叫丰子,是一名生涯咨询师,也是一名自由投资人,今天是我第一次在这个平台做演讲。

我演讲的题目是《瞧,这个人》。这个人就是我,我总结了一下自己的前半生,概括成三个字——爱折腾。

我的第一次折腾,是在 2002 年,那时我已经在银行工作了七年,我突然发现,这一生我不想再做一眼看得到头的事情了,于是就在银行业还是金饭碗的时候,毅然决然地辞职了。

下海以后,我幸运地碰到了一支刚刚起步的烘焙创业团队,他们的愿景是,十年内成为区域内的行业第一品牌,我幸运地成为了他们中的一员。

在干了12年后,我又开始折腾了。我发现了一件事,那就是,金钱和幸福并不能画等号。我开始思考人生的意义,问了自己一个问题——活着究竟为了什么?那一年,就在公司如日中天的时候,我毅然决然地转让掉所有股份,开始了一段崭新的人生旅程。

接下来的几年里,我做了两件事,行走和读书。我四处游学看世界,到了英国、德国、美国、澳大利亚等国家,越走越发现自己看到的世界太小了;同时,我也不停地报各种研修班,不停地学习,越学越发现自己所拥有的知识太少了。

于是,我再次折腾,两年前我成功申请到西班牙武康大学心理学博士学位的学习机会。当时,我突然觉得自己好厉害,为什么呢?因为我曾经可是一个连高中都没有读完的笨小孩。

直到学习了一年网课后,突然有一天打不开网站了,才发现原来自己被骗了,听说老板已卷款跑路,不少同学准备材料打算起诉办学方。而我却不置可否,其一是因为打官司这件事需要投入不可预测的时间成本;其二就算打赢了官司,退学费也遥遥无期;其三是我当初报名学习首先是为了获取知识，能学到一点算一点，其次才是拿学位证书，有当然最好，没有也不会白学。

未来的日子里，我希望，也相信，社会环境会越来越好，少一些欺骗，多一些信任。我也期待将来有更多机会站在这里，和大家分享我的所见所闻与所学。

我的朋友们常常这样评价我：

他们说，我是个成功的创业者，我说并不，我只是有一些微不足道的勇气。

他们说，我是个敢于突破生活局限的勇者，我说并不，我只是不甘于停止自己的脚步。

他们说，我是一名终身学习者，我说，对！

我叫丰子，我是一名终身学习者。

谢谢各位！

演讲和你有什么关系

演讲并不高深，演讲说到底就是表达，表达说到底就是说话。说话谁都会，为什么还要学呢？学习演讲的意义是什么呢？

让我来打个比方，学会公众演讲有点像参加一次标准化的军训。

生活中，我们的确不会总有面对公众演讲的机会，但正如学生时代要参加军训一样，我们平日里并不会走正步，生活中几乎连齐步走的机会都不太有。可是军训带给我们很多帮助和提升，让我们变得更加坚强，更有毅力，让我们更加自信地走在人群里，让我们的生活工作更有秩序感，让我们更明白不可以以自我为中心，而是要时刻照顾好前后左右的"排面"，让我们学会隐忍，为配合他人改进动作做出牺牲（时间），令我们更有同理心。

此外，军训还能提升我们的自我管理能力和自制力，这些能力会伴随一生，这些由内而外的东西，都在修炼我们的气质，如同学会面对公众演讲一样。

人是群居动物。就算你不喜欢说话，你也得和其他人打交道，因为任何人都不可能遗世独立。不管是回应别人的需求，还是说出自己的需求，你都必须表达出来。

学会演讲，也就是学会好好说话，聪明地表达。学会聪明地表达还有许多其他的好处。不会好好说话，是指说不出口，不知道说什么，说不清楚，不知道怎么说。从前我不会说话，损失可大了。

那一年，经朋友介绍认识了一个女孩，是本地医院的一名护士，女孩长得特好看。第一次见面后，朋友反馈说，女孩对你第一印象还不错，愿意和你进一步互相了解。

当时我25岁，还没好好谈过恋爱，属于情窦迟开的那一类。朋友说，女孩之前相亲的几个男孩，都是只见了一次面，就不愿再接触了，你要加油哦。听了这话我心花怒放。

第二次约女孩出来，大冬天请人家路边吃烧烤。女孩穿着清爽的衣服，还是崭新的套装。整个约会除了不停撸串，实在不知道该说些什么好，只记得送她回去的路上，两人身上都是一股烧烤味。

第三次见面，那天她在宿舍休息，我知道她喜欢绿植，就买了几个盆栽去看她。从进屋打过招呼后，我就一直蹲在地上整理绿植盆栽，连头都没敢抬，其实我对盆栽根本不懂，只是在那里松土浇水，就这样蹲在地上个把小时没敢起来。

说实话不是我不想站起来啊，我可想看看她了，可看到她的眼睛，我就不知道该说什么了，所以不敢抬头，就一直蹲在那儿整理盆栽。

事不过三,女孩没有给我第四次见面的机会。

多年后,当我开始学习表达和演讲之后,才发现,当年相亲失败,主要原因就是不会说话,不会表达。

／公众表达的秘诀

拥有了公众表达这项技能,你会比其他人显得稳重,情绪控制力更强。几乎人人都害怕面对公众讲话,会不由自主地紧张。紧张成不了大事,你得静下来。"每逢大事有静气",这是曾国藩先生训诫他儿子时说的话。曾国藩发现儿子曾纪泽走路总是行色匆匆,于是告诫儿子做事不必太着急,欲速不达,走得慢一点稳一点,给自己多一点思考的时间,做事有条不紊,成事的概率会更高,周围的人也会认为你更值得信赖。

在这里,我给你们分享一个有效的"5W 不紧张开场法"。5W 不紧张开场法,也叫 5W 霸气登台法(每一步第一个汉字的拼音声母都是 W)。

你可以边看边练习。

1W 稳步登台（稳健匀速地走到舞台中央）；

2W 微笑站定（面带微笑转身朝向观众）；

3W 望向全场（观众多的话用 Z+N 扫视法、带上无声的问候）；

4W 无声起音（等待全场没有声音后准备开口）；

5W 王者归来（打开嗓门、声音洪亮，音域在中高音区，对所有人表达问候）。

如：尊敬的主持人，尊敬的教授，亲爱的各位老朋友、新朋友，可爱的小朋友们，大家早上好！今天，我分享的题目是……

这里解释一下 Z+N 扫视法：面向全体观众，眼神从最远端左侧第一位观众看起，沿着字母 Z 的笔画顺序，看向最远端右侧的第一位观众，然后目光顺着斜线看向最近一排左侧第一位观众，再由左侧沿着排面看向最近一排右侧第一位观众，这样就用目光写完一个字母 Z 了，同理，用目光再写一个 N 字母，这就完成了 Z+N 扫视。这个动作的重点是，尽量在五秒以内完成，并让台下的每一位观众都以为你和他们有过眼神接触。上台演讲的自信就是在这个环节传达给观众的。

5W演讲开场法的要点是,站在原地,不要抖腿,昂首挺胸,面向听众,眼神坚定。

在开口之前,先逐一审视所有的听众,默数五秒后,再开始你的表达。

有了良好的开端,你的演讲就成功了一半。

第十章

学会谦逊,匍匐前行

谦逊不是要你唯唯诺诺、随波逐流,谦逊是一种成熟的力量,是谦而不卑,是虚怀若谷。

谦逊令人敬畏。

有哲人曾说过，对于奉行终身成长的我们，除了匍匐前行，没有任何其他动作可以表达谦逊与敬畏。

曹雪芹曾写道："满纸荒唐言，一把辛酸泪！都云作者痴，谁解其中味？"那份巨人的谦恭，那种怅然心怀，令人未开卷已潸然。

牛顿三大运动定律是整个经典物理学的基础，甚至是近代科学的基础。爱因斯坦曾这样评价："牛顿力学是整个物理学的基础，如果没有牛顿力学也就没有现代科学。"然而牛顿却说："如果说我看得比别人更远些，那是因为我站在巨人的肩膀上。"

谦逊是一种情商。

记得有一次上课，当老师在班上提问"伊斯坦布尔的原名是什么"时，我虽然看到小明举起了手，可还是忍不住将答案脱口而出："君士坦丁堡。"你会理解小明为什么会生气，因为是我夺走了他的荣誉。

当时我还在上小学。直到长大以后，才懂得老师夸我考试成绩好是给了我一个高智商分，但没有给我高情商分。聪明的人会思考其他人的感受，而那时的我却无法做到这一点，幼稚的我从来都不会去思考其他人的感受，对此我浑然不知。

/ 人生在世，谦卑为怀

五十岁生日那天凌晨两点，我在攀登四姑娘山，这是我给自己设定的"成人仪式"。五十知天命，天命究竟是什么呢？天命是谦卑。

当时大雪纷飞，就着手机电筒的光线，山友帮我拍了张照片，我们没有成功登顶，由于天气原因向导要求我们立即折返。尽管没有成功登顶，但对我来说，这依然是一个极其有意义的生日。

前一天晚上七点到达海拔 4200 米的大本营时，天气晴朗，我们兴奋地交谈着，走走看看，也没感觉不适，传说中的高原反应呢？当时我还自信满满，我的身体素质看来还是不错的！

大本营设施极其简陋，是山腰的一块平地，面积大概半个足球场大小。中间竖着一个大帐篷，这是供大伙儿用餐的地方。帐篷的一侧是一排简易平房，墙面早已经斑驳不堪，总共三个房间，房间很窄，一条七八米长的土炕靠着一边的墙，两端也紧挨着另外两面墙。土炕的另外一边是仅容一个人侧身通行的过道，虽说是炕，但炕道里没有火，屋里屋外没有温差，天色渐渐黑下来，气温降到了零摄氏度以下。

晚上九点左右，我的头开始疼起来，天空中不知什么时候飘起了雪花。向导要求我们立即上床休息，尽量减少体力消耗。我们每人一个睡袋，炕上一溜躺了八个人。头疼持续着，胀胀的晕晕的，是那种隐隐的不间断的痛，就像孙悟空在被唐僧不停地念着紧箍咒似的。隔壁房间开始有人难受地发出哼哼唧唧的呻吟声。过了一会儿，有人开始呕吐，随着时间一分一秒地流逝，哼哼唧唧的呻吟此起彼伏，我的头有炸裂的感觉。

我脑子里一会儿翻江倒海地想乱七八糟的事情，一会儿又是一片空白,躺在睡袋里辗转反侧。

时间继续一分一秒地过,等待时间快点过,等待天快点亮,身体在煎熬与对抗煎熬中摇摆,意志力在折磨和反抗折磨之间恍惚。接受磨炼,也许是登山的"必经之路"吧。

屋外雪花依旧漫天飞舞,时不时还挤进门缝,飘到脸上,就这样似睡似醒,挣扎到了凌晨,和两三个同伴商量了一两句,索性起来去附近走走,用行动替代躺平,去抗衡高原反应带来的煎熬。你知道你死不了,一时半会儿死不了,一个晚上也死不了,可你就得一分一秒地熬下去,不能离开这里,必须等待雪停,天亮,天亮,雪停……

我以前从不觉得自己会有高原反应,因为也爬过海拔 4000 米的山,不过只是拍个照证明自己到过那里,从没待过超过两小时的时间,所以就误以为自己不会有高原反应。同行的小伙伴平时都是玩百公里越野的准运动员,大多数也有高原反应,在回成都的大巴上,其中一位男性山友感叹道:"昨晚躺在大本营的石炕上,都快要哭出来了,难受呀!我这是造的什么孽啊!"

这次登山，终于亲身感受到了大自然的真实与力量。一座大山就像一位安坐大地的老者，几千年来，他目睹过无数人如蝼蚁般登上爬下，或死或伤，或痛苦或悲泣，仅有少数人登顶成功。人类在大自然面前，始终是渺小的。

敬畏大自然，认识到自己能力的有限，谦卑为怀，才能活着，才能活好。

／用行动表达你的谦逊

一个朋友和我分享了他初入职场时的一件事。当时他的工作单位附近有家面馆，中午有很多同事会去吃面。有一天，他进去找了里面一个位子坐下，点好面在等，这时，他的领导也走了进来，他也来这里用餐。我这位朋友没有站起来尊敬地和领导打招呼，只是随意地拉了下凳子示意领导坐下。你可能会对他当时的举止嗤之以鼻——无礼，连起码的尊重都不懂。看到领导、长辈、同事、朋友，起码得站起来吧，谦逊是需要用动作表达出来的。

朋友跟我坦言，说当时自己真不懂礼貌，不知道谦逊的表达方式，那段时间他特别鄙夷那些见了领导就点头哈腰的人，他说他才不要这样。

然而，当时的他矫枉过正了，连最起码的尊重都没有表现出来，举止透露的是没有礼貌。事实上，他说他内心是非常尊重这位领导的，但却表现出了不尊重的行为，后来听说这就叫"知识的诅咒"。别人是无法知道我们内心的想法的，别人只能通过言行来判断我们的内心所想。年轻时该如何把握好这个度呢？这是门学问。

朋友后来离开了那个单位，多年以后，他和这位领导重遇，提到这事，领导居然还记得，当时确实觉得他没有礼貌，于是就决定给他更多的时间成长……这一等，就等白了头。领导说，没有人会去尊重一个不尊重他的人。这样的人就算进入领导的提拔名单里，也基本会被直接忽略掉。

世界就像一面镜子，你怎样对别人，别人也会怎样对你。他说，他现在明白，你对这个世界多点微笑，这个世界也会给你更多的微笑。

没有人知道你心里在想些什么，你的言行举止代表了你的思想。对别人而言，不管你有多聪明，懂多少道理，只要没做到，或是没表现出来，就是另一回事了，一不小心就可能走到了你所思所想的反面。

尊重他人是谦逊的一种表达形式，尊重是一种习惯，我们常常会在不经意间遇到表达的机会，但如果不懂得话术，就很难创造和谐的人际关系。

／ 谦逊的反面是傲慢，傲慢会让你变得孤独

前段时间有个姑娘来找我，咨询关于如何合群的问题。她是一名职校的三年级女生，长得清秀，善于言辞，略有些多愁善感，她说，她遭遇了被同学嫉妒、冤枉、抛弃，被老师批评、孤立、打击。理由是从初中到现在发生的几件事。

初中时，她成绩好，各方面才艺比较突出，有不少男同学给她写情书，这些事情让女同学们很嫉妒，因此她经常会被同学说坏话，渐渐地，几乎所有同学都疏远了她。

另一件事是她到了职校后，一直担任学生会的文艺委员，她一直努力表现，那年她以为学生会主席一职必然是她的，没想到结果快要出来的时候，老师找她谈话，

说她不适合，理由是她不够合群。当时她就被打击了。她说她并不在意这个学生会主席的岗位，而是心痛这一年多来的辛苦努力都白费了。

我帮她分析了两个原因。其一，我问她，假设你边上站着一个各方面都比你优秀的人，她比你聪明，长得又比你好看，你是愿意紧挨着她站呢，还是稍微站得离她远一点呢？

她说，说实话希望不要紧挨着她，那样会明显暴露自己的短处。

我告诉她，这就是人性，人们都希望比别人优秀，即使不如别人，也希望不要一下就让周围人看出来自己比别人差。这也是为什么你的同学疏远你的原因之一。

其二，你说你并不在意学生会主席的职务，那你这么辛苦去努力是为了什么？如果是为了经历这个竞选过程，那根本无须悲伤，人付出一定是为了一个目标的，目标的达成给我们带来的喜悦和失败给我们带来的悲伤有多大，就证明我们有多在意这件事。你重视这件事，但忽视了打好群众基础，只顾埋头奔向目标，忘了多听听同学们的声音，以至于表现出了竞选的大忌——傲慢。

在我看来，"满招损，谦受益"不仅仅只是一条社会规律。如果我们对社会规律不存敬畏之心，环境会警告我们，被同学们孤立就是一种警告，这很难说谁对谁错。

如果这位姑娘要一意孤行，不惧闲言碎语、不顾老师与家长的忠告，那是她的个人自由，但是，作为社会人，角逐社会角色，就需要群众基础，如果依然我行我素，就容易被孤立，被视为不合群。

同时，我们每个人都不是完美的，不是只要经历过辛苦就一定能够达成目标。如果能够清晰地明白这一点，这位同学或许就会找到自己存在的问题，并加以改进，期待在下一次竞选中胜出。

人生会遇到艰难险阻，只有谦逊的人才能突破艰难。不管遇到怎样的困难，只要你谦逊礼让，懂得"示弱"，你就很难会被困难击败。

那么，怎样才能做到谦逊诚恳呢？举个例子，在单位里，每有比你年长者或上级来找你，请站起来打个招呼，礼貌地称呼对方一声，这不会损失什么。在对方坐下后你再坐下，这也不会损失什么。只这一个小小的举动，就能展现出你谦逊的一面。当你表示了对别人的尊重，你也会相应地得到别人的尊重。

《孟子》中有言:"爱人者人恒爱之,敬人者人恒敬之。"当然,也许还有人会讥讽你虚伪。对于这些人,建议你务必对他们微笑,确信他们是非常需要你帮助的人,他们比你更需要成长。

做一个谦逊的人

曾经有位大学生对我说:"你表面看上去很谦逊,其实没什么用。"她的意思是说,你没有发自内心的谦逊,就不必装出谦逊的样子,那样的谦逊不真实。

好像这样去理解类似的行为会比较贴切:我们从出生开始,几乎从来不会无缘无故由内而外地做出一些社会化的行为,所有社会化行为(包括谦逊),都是环境(社会)影响我们的结果。社会环境影响我们去调整自己的言行,力图促成我们与周围环境和谐共处,达到融洽、愉悦、舒服的感觉。

当这种调整带给我们与环境更高的契合度时,我们就保持它,完善它,或渐渐成为我们自发自觉的行为,这时，我们的谦逊就由内而外了。这里有个前提，我们必须认同，谦虚、谦逊、谦恭，是一种必要的社交礼貌。而这样一种行为的内化过程，是需要实操的。想要成为怎样的人，要在行为上向其靠近。

查理·芒格也说过："如果你想要拥有一种品质，那就表现得你已经有了这种品质。"

谦逊不是要你唯唯诺诺、随波逐流，谦逊是一种成熟的力量，是谦而不卑，是虚怀若谷。

/ 保持谦逊，靠近梦想

一个"谦"字，包含了我们传统文化的"恭、俭、礼、让"。被尊重和欣赏是人们愿意靠近你的真正原因，也是人际交往的一条基本原则。"礼多人不怪"，你的人生不会反对你成长为一个谦恭有礼的人。

谦逊的态度，令我们更加准确地看待梦想，踏实地追逐梦想，坦荡地面对梦想的实现或破灭。

人人都有梦想，但实现梦想的人毕竟是少数，前不久，一位阔别三十年的战友和我分享了他曾经的梦想。

当年他参军入伍，梦想是将来有一天能够成为一名将军……直到四年后，他以一名普通士兵的身份退出了现役。复员后，他幸运地成为了一名公务员，于是梦想着将来能当个一官半职。若干年之后，他以一个基层员工的身份辞去了公务员的工作。后来他加入了当地一家民营企业，开启了他的合伙创业之旅。他告诉我，当时他憧憬着自己能成为一名优秀的企业家，可结果是，最终他以一名普通合伙人的身份离开了这家公司。五年前的夏天，他开始学习小提琴，他说，音乐是他从小的热爱，每次听到琴声，他都会停下脚步仔细倾听。每天一小时的练习，除了出差从未间断过，从一开始较多的痛苦较少的快乐，到如今拉琴已成为了他调节情绪、抒发情感的工具。他说他的梦想不是成为小提琴家，而是成为一名以琴娱己放松心情、以琴会友丰富生活的小提琴爱好者。

三年前的秋天，他结缘交大海外教育学院讲师班，他说当时他梦想着有一天，能在一个万人的舞台上激情演讲，分享自己遇到的人和事，和他对这个世界的认知。他感叹道："我的将军梦已经不可能实现了，我的仕途梦也已经离我而去了，我的企业家梦更不知身在何处，但是，我仍然每天练琴，享受琴声带给我的抚慰和快乐，我仍然每天写作，每天和朋友们交流，分享生活，分享喜悦。"

梦想总是要有的，万一实现了呢？我的理解是，梦想我们要有，但更要有清醒的认识。梦想的实现可能性极小，或许只有万分之一，这是要告诉我们自己，在实现梦想的道路上一定要保持谦逊的姿态。你只是这条通往梦想的拥挤的道路上，那万人攒动中的一员，成功了是你的幸运，失败了也要学会欣然接受。

第十一章
越感恩,越富有

我的一生一直感恩这两类人:一类是来雪中送炭的人,比如父母、老师、诤友等;另一类是来挖坑使绊的人,比如君子口中的小人。

感恩是一种能量，当你拥有一颗时刻感恩的心，并成为你行动的指南时，你就走上了一条卓越的成长之路。路上洒满了阳光，铺满了鲜花，这条路的尽头，写着富有和幸福。

✔ 对工作心存感恩

17 岁那年的暑假，我第一次打工，第一天就被严重烫伤。那是我们当地的一家著名的乳品厂，经同学介绍，为了赚点零花钱，也想体验下工作的滋味，我开始了人生的第一次打工生涯。办理好入职手续，我就被带到一个车间，有个师傅模样的人过来，指示我将地上一个桶里的糖浆倒进搅拌机顶部的漏斗里。漏斗的位置有点高，大概与我的下巴的高度齐平，糖浆的温度大概有 100 摄氏度左右，我不假思索一把拎起一整桶糖浆，试图举过头顶。一上手突然感觉糖浆的沉重，好像跟提一桶水不太一样，可我当时年少无知、年轻气盛还死要面子，所以并没有立刻放手，而是硬生生地把整桶滚烫的糖浆提了起来。刚把桶沿搭上搅拌机漏斗的边，漏斗就摇摆向我，整桶糖浆没有倒进漏斗，而是泼向了我的胸口……

这一次事故我被严重烫伤，康复后，胸口的皮肤也被换新了一层。尽管这是一次不幸，如今我却把它当成一次万幸的事，一是没有烫伤脸部和眼睛，二是在初入职场的关键时刻，社会就给了我一记响亮的耳光——工作可不是一件容易的事情。做每一件事都要量力而行，都要认真对待。

我有一个朋友，曾经在一家民企工作，当时以合伙人的身份参与日常经营。从一家只有几十人的小作坊，十年后干到员工超千人，年销售超5亿元的公司。一天，老板召集合伙人开会，说道："这十年，你们也跟着赚了钱，买了房，买了车，生活水平更是上升到比较高的高度了，也差不多够了。公司接下来发展缺钱，需要你们更多地支持，大家不要再有更多的利益诉求了吧……"后来，这些合伙人果然再也不能按时结算到分红款了，甚至连长期合作的供应商货款也是一拖再拖。

大家一起干事业，需要同心协力，公司如果有困难，合伙人责无旁贷。但作为老板必须保持透明度，否则合伙人会不理解，辛辛苦苦跟着干了这么多年，看着公司蒸蒸日上，期待越来越高，你却来一句，你们也赚得差不多够了。钱哪儿有够的呀？说这话时，老板只字不提合伙人的功劳，仿佛是靠他自己一个人把天下打出来的。这就难免引起其他人的不满了，或许是老板表达能力有欠缺，没有将内心的感恩之情表达出来，但现实往往只看结果，没人能够看到别人的内心。结果大家的心就渐渐凉了，不久后都陆续离开了。俗话说，一个好汉三个帮，如今，失去了左膀右臂的这家公司，经营业绩每况愈下。

而我这个朋友，在感慨这段经历的同时，深情地讲到，虽然离开那家企业好几年了，但他依然感恩当时老板在初创打拼时教会他的创业技能和管理心得，他收获到的不仅仅是金钱财富，还有经商头脑和人情世故。在参加一次名为《你最想感谢的人》演讲比赛时，这位朋友由衷地表达了他事业上最感恩的人就是当年他的这位老板。

工作是一种修行，对待手头的工作心存感恩，可以果腹，可以生存。如果你厌烦手头的工作，静下心来问问自己，离开这份工作是否能够活下去。如果能，建议你还是离开；但如果不能，那么最好改变态度，去感恩这份工作，至少它能让你活下去。

每一份工作或每一处工作环境都无法尽善尽美，但工作中总会有一些宝贵的经验和资源，比如暂时失败的沮丧、自我成长的喜悦、温馨的工作伙伴、值得感谢的客户，等等。

诚然，工作中会遇到上司的不理解、同事的不合作、下属的不服从，但如果你能每天怀着感恩的心情去工作，在工作中始终牢记"拥有一份工作，就要懂得感恩"的道理，向周围的人们传达出感恩的能量，不知不觉中你就在修炼自己，也在影响与你共事的人。

／对生活心存感恩

有一次我参加一个讲座，是英国心理学家、作家奥南朵的讲座。那一年老太太72岁，可授课时的精神状态，简直就像27岁！当时有位女企业家同学问了一个问题，是一个关于感恩父母的问题。

她说她前两年挣了点钱，给爸妈在上海买了一个大平层。她想孝敬下两位老人，让他们过上更优质的生活，于是让他们从老家搬到上海来住，老人家不愿意。她几次三番都说服不了两位老人，她想不通父母到底怎么了，给他们那么好的条件，上海可比乡下农村好多了，为什么他们宁愿待在那个偏远的地方？身体万一有点不舒服，附近也没个像样的医院。大城市里各种资源都有，就医也方便，又住得干净，想吃点好吃的也应有尽有，他们为什么就不愿意呢？她委屈地抱怨着。

这时候奥南朵就问她道："你的想法是，你想感恩父母的养育之恩，希望父母搬到大城市来，享受你认为的更舒适的生活，是这样吗？"女企业家点点头，奥南朵继续说，"你要做的事情是：放弃这样的想法，不去干预父母快乐或不快乐的心情，因为我们没法比父母更懂得如何去过他们的生活。我们要感恩他们的给予和养育，但更应尊重他们的活法，你的这种'应该孝敬'的想法，或许底下藏着的是怨恨，又或者底下还有一种更加自私的想法，那就是告诉父母我是孝顺的，告诉周围的世界我是孝顺的。感不感恩、孝不孝顺，不应该是你的感受，不应该是你周围的世界对你的评判，而是父母的感受。尊重每一个个体的生活方式，包括你的父母，才是对他们最好的感恩，才是真正的孝顺。"

在授课结束后的晚宴上，奥南朵拿着红酒杯又站到台上，和我们分享她的人生经验，她说："我的一生一直感恩这两类人：一类是来雪中送炭的人，比如父母、老师、诤友等；另一类是来挖坑使绊的人，比如君子口中的小人。前者会帮助、鼓励、引领、指导你上进，为你的人生添砖加瓦，这类人是来助力你成长的；后者极尽诽谤诬陷，挑拨是非之能事，这类人是来历练你的耐心和决心的，同样也是来助力你成长的。"

／感恩训练

我曾经自认是一个懂得感恩的人，却只流于话语，而少有行动。就像某个情境会触碰你内心深处的感恩心弦，但却未必能立即奏出行动的乐章。一旦触动你的情境移除或变换了，你的内心又恢复了往日的平静，一如既往，麻木不仁，习惯性地把一切视为理所应当。

感恩需要训练，对于大多数人来说，独自远行可能是点燃感恩行动的最佳方式了。远行要满足以下几个条件：

1. 独自一个人；
2. 离家超过 5000 公里；
3. 语言不通的陌生目的地待足 8 天。

以上缺一不可，否则效果不大。

你问我为什么是这三个条件？因为，这三个条件一旦满足，会给你创造一种孤独的体验。人类最怕孤独，深层的孤独感会让一个人反思，那些你本以为理所应当的事突然消失后的强烈不适感，会令你感悟到它们的珍贵。

人是群居动物，孤独感能颠覆人内心深处习以为常的很多感受。

有人说，去过医院的人，会懂得健康的重要；去过监狱的人，会体会到自由的重要；去过火葬场的人，会感悟生命和活着的意义。

孩子是否要感恩父母那含辛茹苦的养育？父母是否要感恩孩子那天真无邪的快乐？每件事都有两面性，你也可以这样想，小时候老挨骂，还经常被爸妈揍，我怨恨他们；这孩子整夜哭闹，吵得我们睡不好，疲惫不堪，长大点又叛逆，不听话，真是不如不生。我们可以清晰地看到，哪种情绪和善、满足、正面、积极，哪种情绪充满了气愤、抱怨、负面、消极。我们一旦用感恩的心、感恩行为对待周围的人和事，身边的世界也会变得越来越和谐美丽、温馨舒适，很多难题会迎刃而解。

  一个懂得感恩的人，眼里看到的，多半是别人的好，和他人相处时，言语、表情、姿势都是不一样的。你会友好地说话，温和地处事。付出感恩的行动，你会感受到更多的爱，感觉遇到的，都是好的人、好的事，你会拥有更多的幸福感。

  我有一个朋友，有一天和办公室几个同事忙着整理材料，大家伏案紧张地工作着，正忙得不可开交的时候，一位隔壁办公室的女同事来拿寄存在这里的几袋单位发的水果。这位女同事身材娇小，搬起东西来比较吃力，我这位朋友看到了二话不说放下手头的工作，起身帮她把剩下的几袋水果搬了出去。整个过程也就花了几十秒，其间其他几位同事头也没抬，都专注在紧张的工作中。

事后，我这位朋友感叹道，神奇的事情发生了，本来这位被她帮助的女同事平时和她并不是很熟，有时候因为工作也会有交集，但对方总是爱答不理的态度。但这件事过后，她们再次碰面时对方笑脸相迎，工作上主动配合。更有一次，还主动告诉我这位朋友，可以在某件事情上帮助她，并已经付诸行动。

朋友很感动，也很感慨。因为这样的一次偶然的小小相助，却带来了意想不到的收获，她始料未及。

我想，这是因为，一是朋友的举手之劳发乎自然，没有希望回报的企图；二是对方从我这位朋友身上感受到了某种力量，一种无声地、短暂地，却又持久冲击到她的某种固有思维的缘故吧。由于一个善意的举动，双方改变了态度，关系变得和谐融洽且激发出了未曾预料的能量。

／生命的恩典铺满天边，有心人看得见

你是否曾被爱,并视这种被爱为理所当然？如果这样，你的这种被爱是不可持续的。从理解不该理所当然地享受被爱的感觉开始，我对生活给予我的那些富足且美好的东

西时时心存感恩。而且我发现,越感恩,我的生活越富足。

感恩上一代的惠泽,为我们创造了一切;感恩下一代,为我们延续了生命的能量;感恩身处的这个世界赋予我们的,感恩我们所拥有的、当下美好的一切。

春暖花开时,我们感恩绿草茵茵,万物复苏,感恩蓝天、白云和清新空气;炎热的夏天,我们感恩忙碌了一天回到家里,能在舒适的空调屋内安静地休息;秋风萧瑟的日子,我们感恩收获的季节果实累累,感恩生活的真实和规律,生命的丰硕与圆满;寒冷的冬季,我们感恩生活在一个富足的时代,外面寒风瑟瑟,我们可以在室内泡上一个舒服的热水澡,在温暖的房间里与孩子嬉戏打闹。

还有,当你做错事被他人原谅时,当你走过路口汽车停下来让你先行时,当你回家吃到可口的饭菜时,当你清晨醒来又迎来新的一天时……

网络上有一段话,很有意思,摘抄下来和大家分享:

别人的东西是别人的,别人给你,你可以拿着,别人不给,你不该怨人,更不能抢,对你好,你应该珍惜,而不是觉得理所当然。只是很多人不明白这个道理。

请在父母之外,找出值得感恩的人、事、物,哪怕是曾经绊倒过我们的某个人、某件事，都值得我们去感恩，因为这些人和事，让我们从挫折中学习了，在困境中成长了。

　　大自然充满了恩惠，一草一木，一花一树，高山流水，清风晨雾，记得电影《无问西东》里有这么一句台词：大自然的恩典铺满天边，有心人看得见。

第十二章

助人,不求回报

在如今这个相互依存度极高的时代,孤身一人是无法快速成长的,不求回报地帮助他人与学会求助,是我们的生存法则。

英国诗人约翰·多恩曾写道:"没有谁是一座孤岛,在大海里独踞;每个人都像一块小小的泥土,连接成整个陆地。"在如今这个相互依存度极高的时代,孤身一人是无法快速成长的,不求回报地帮助他人与学会求助,是我们的生存法则。

／认真对待他人的求助

那年夏天我正在公司值班,我们是 24 小时三班倒,当时我正在玩手机游戏,同事拎着一大袋鸡蛋冲进来说:"麻烦你帮我煮一下鸡蛋好吗?我现在有点急事要去车站接领导。"我边玩手机边点点头说:"好的,没问题。"

下班的时候同事回来了,问我鸡蛋煮好了吗,我一下反应过来,因为游戏玩得太专注,煮鸡蛋这事我给忘得干干净净。忙说不好意思，同事气呼呼地自己开煮了。这位同事的老婆一个月前生了个大胖小子，按照我们当地的风俗是要把鸡蛋煮好后涂上红色，再分给公司同事们以示庆贺。我的疏忽耽误了他的好事，严重损害了我们的同事之情。

直到后来我离开这家公司，在同事们为我举行的告别晚宴上，酒过三巡，这位老同事直言相告："我之前对你是有意见的，就是当时委托你煮个鸡蛋，你答应了却没帮我，害得我差点来不及送人。"

我的一个疏忽，缘于没把别人的求助当回事，自然别人也不会把你当回事了。虽然是一件极其微小的事情，但是它泛起的涟漪，就像蝴蝶效应，终归在一个圈子里，收到负面反馈也不足为怪了。这样的小事一件一件累积，成事的人际氛围基本就不存在了，成长之路也难免会磕磕绊绊了。

"帮助的是别人，成全的是自己"，虽然貌似一句玩笑话，但两者之间存在着必然的逻辑关系。毋庸讳言，大多数情况下，帮助他人能赢得好感，最终回馈到自己。

记得有一年冬夜，夜深了，雪下得特别大，能见度特别低，我加完班开车回家，路过一个左转弯路口上桥，突然听到左侧车门"砰"一声，赶忙停车查看。原来是和一个骑电瓶车的大嫂发生了剐蹭，奇怪的是，大嫂撞到的是我的驾驶室车门一侧，这位大嫂坐在桥中央不肯起来，我担心她是不是被撞坏了。这样坐着在雪地里就是没被撞坏也要冻坏了。于是我赶紧报警，把大嫂送去了附近医院检查。同时，为了防止可能存在的无理取闹，我电话求助了一位医生朋友，他在睡梦中被我吵醒，答应帮我向救治医院的医生了解情况就挂机了。没想到，很快，他居然驱车赶到了医院，要知道，那已经是深夜，而且他的住处和我分别在城市的两头。这一幕直到今天我都记忆犹新。之后我们的关系一直都很铁，互相帮助成了生活中的常态。

╱ 真正的助人是不求回报

助人的核心是分享，包括物质和精神的，分享是财富哲学和生命哲学的灵魂。我们常常说的"与人方便，自己方便"，生活中的"舍得"——"小舍小得""大舍大得""不舍不得"，等等，都在告诉我们，想要获得帮助，先帮助别人；想要生活便利，先给别人方便。

助人行为不能跑偏，你只需要做好事帮助别人，不能因为别人感谢你，你就觉得值得，别人没有感谢你，你就觉得不值得。

樊登老师在解读《欲望的博弈》一书时，讲道："你是否有常常帮人挡门的习惯？这是一个礼貌的行为，但如果那个人走过去以后没理你呢？有人昂首阔步就走过去了，我见过有的人发朋友圈，说以后再也不为他们挡门了，他很生气，觉得对方没有教养。你现在反思一下，其实你吃亏了，是这个生气使得你吃亏的，并不是那个无所谓地走过去的人使你吃亏。如果你是心甘情愿地替别人挡门的，别人走过去了，无视你的这个助人行为，你依然能够从内心感受到喜悦，你才是真的乐于助人，你才是真的打开了自己，能够更愿意用友善的方式对待这个世界。所以，如果当你表现出彬彬有礼，证明你是一个文明的人，就要求别人也要表现得彬彬有礼，要对你点头说谢谢，否则你就生气了，那么，你并不是发自内心地给予，你是在交换。如果我们真心帮助别人，那么这个替人开门的回报就在这个动作当中了，你替他开门就已经结束了，而不需要再有别人给你回报说谢谢了,这才是真正友善的想法。在一个飞速发展的社会里,总有人会走在文明的前面,也总有人会落在后面。而这种友善的想法有助于我们更专注、更开阔地进入无条件帮助别人的境界。"

❯ 需要时,学会求助

在成长的道路上,除了要有一颗主动助人不求回报的心,更重要的是还得懂得向别人求助。

有个男生在一次讲座上和我说:"我不想请求别人的帮助,是因为我觉得求助别人会打扰人家,现在大家都很忙,谁会来管你的闲事呢?而且你求助人家就是欠下人情债了。"很多人不管自己遇到什么困难,都不好意思去请求别人的帮助,和这位男生有类似的顾虑,认为请求别人帮助是打扰别人。

诚然,求助可能会给别人增添麻烦,也会有被拒绝的情况存在,但求助成功的例子也比比皆是。

苹果创始人乔布斯曾说自己很小的时候就发现了一个规律,大多数人因为羞于开口而错失很多良机。他说:"一直以来，我从没有碰到过不愿意帮助自己的人，只要我开口，基本上没有人会拒绝我，我总是打电话给他们，我打给过很多人。在我12岁的时候，我打电话给比尔·休利特，他是惠普创始人之一，他当时住在帕罗奥图市，至今我还留存着他的电话号码。他当时在电话那头说：'哪位啊'？我说：'你好，我叫史蒂夫·乔布斯，我今年12岁，是一个初中生，我想制造一台频率计数器，请问你能给我一些零件吗？'然后他笑了，他不仅给了我一些制造频率计数器的零件，还给了我一份工作，在惠普工厂做暑期工，流水线上组装频率计数器。我当时真的高兴坏了。从来没有人对我说'不'。后来，当别人有问题问我时，我也都是知无不言。"

有时候能不能做成一件事情，不能只是停留在想法层面，你要行动起来。如果你不知道怎么行动怎么起头，那你至少得有勇气，去求助那些能够帮助你行动起来的人，并且准备好别人可能的拒绝。

向上求助，向上社交，做一个向上行走的人。要相信，人人都有一颗乐于助人的心，人性中是有一个善良天使的，天使不求回报，只不过有时候天使也在睡觉，需要我们主动去唤醒她。

想起北岛有一首诗作叫《生活》，全诗只一个字——"网"。

生活是网，人情是网，关系是网……人是社会人，有些人羞于向别人求助，不一定是自视清高，可能是自以为是；不一定是思维禁锢，可能是固执己见；不一定是坐井观天，可能是面子挂不住吧。

羞于求助，是挡在你成长道路上的一块巨大绊脚石。请毫不犹豫地搬开它！

第十三章

打开你宽容的心门

宽恕是心灵的一种节约措施,它节省了生气的开支、仇恨的成本,和精神的浪费。

你常常帮助别人，也懂得在自己遭遇困难时向别人求助，这时候，你已经基本成熟。随着年龄持续增长，你看待周围的人和事，也逐渐变得宽容起来。

在人与人的交往过程中，你会被某些人吸引，你也会被某些人排斥，这很正常。你不可能成为所有人的朋友，也不可能是所有人的敌人。

不过，当你遇到不喜欢甚至讨厌的人，却又不得不和这些人打交道时，如何处理与他们的关系，便成了一个需要探讨的话题。

仔细想一下，你身边也许有这样的人，他们过去的一句话或一个动作曾让你生厌，甚至有些人一见面就不想跟他相处，你总觉得哪里拧巴，但又说不清楚。

学会原谅他人

现在我们来做个练习,回忆一个你讨厌的人,尝试改变对他的看法,哪怕那令你生厌的言行就在昨天。

请你这样想,昨天晚上他自省了,今天他已经改变,已经不是昨天的那个他了。心理学有个近因效应,说我们对别人的印象会停留在最近的一次接触中,这很容易使我们对他人产生误判。士别三日当刮目相看,仔细体会这句话,也许能帮我们打破这种近因效应。

人的思维和言行是动态发展的。有人会说,他没变呀,还是那个样子。是的,并不是每个人都在寻求改变——让自己变得更优秀。从另一个角度看,恰恰是由于这些人的存在才显示出了你的不同,提升了你做成一件事的概率。

如此看来,我们更应该包容他们的言行,不是吗?千万不要关闭我们宽容的心门,那是一扇能发现奇迹的门,可以试着把宽容之门打开一点,再打开一点……当然,你有将宽容之门随时关上的自由,这取决于你的智慧和修养,取决于你是否希望自己成为一个友善包容的人。

这并不容易做到。但是总有一天你得放下一切,因为总有一天我们会离开这个世界。到那一天，就是不想放下也得放下。反过来想，如果希望别人原谅自己，是希望这一天早一点还是晚一点呢？

宽容是极其珍贵的品质，它不同于怯懦，它需要我们做出打破人性中自私基因的行为，它需要巨大的勇气来克服自己的狭隘。不是每个人都能做到，但是人人都有机会做到。

在我的成长过程中，曾犯过不少错，说过幼稚的话，做过愚蠢的事。后来，慢慢成长，开始思考、自省，并竭力做出改变。每一次小小的改变，意味着我又成长了一点点，就希望那些曾经被我幼稚的言行伤害到的人能谅解并改变对我的看法，于是试着接触，但无人应答。于是我觉悟到，既然很难改变他人对我的看法，何不从改变我对他人的看法开始呢？每个人都在变化中成长，我们岂不就是他们眼中的他人吗？

于是，我开始学着宽容那些曾经伤害过我的人，甚至遇到和自己合不来的人，也会微笑面对，这不是虚伪，这是对理解的善意；遇到听不懂我说的话的人，也会微笑点头，这不是敷衍，这是对友谊的诠释。和谐社会，宽容先行。

心态渐宽后，我居然发现，渐渐地周围全是朋友。上善若水，人要学点水性，水能容得下一切，也不惧怕一切。当我开始学习如水般包容不喜欢的人和事时，以前自以为讨厌的"敌人"也变得越来越少了。

当你不再高高在上，或不再卑微乞求，当你已经做出改变（陋习）的行为，或正在做出改变的努力时，当你以包容开放的心态来测度他人已经做出改变，或正在做出改变的努力时，你的一言一行会变得越来越从容淡定，这可是成就你优雅人生的重要条件呢。

正如我们曾经做出改变的努力一样，我们需要周围人的包容和鼓励。由于我们心怀宽容，怨恨和厌烦这样的负面情绪也会渐渐烟消云散。

✒ 宽恕是告别怨恨的最佳方式

没有抱怨的世界是一个理想的世界，也是一个不可能的世界，但至少，我们可以少一点抱怨，再少一点。

宽容的最高境界是宽恕，很少人能到达这样的境界，宽恕的人是伟大的。

表达愤怒会激起更多的愤怒。宽恕是心灵的一种节约措施，它节省了生气的开支、仇恨的成本，和精神的浪费。

宽容是一种友好的处世态度，不给人压迫感，却一身霸气，是处理人际关系的润滑剂，是成长路上的试金石，是打开财富自由之门的金钥匙。《思考致富》这本书总结了20世纪大多数成功人士的性格特点——乐观随和，平静愉悦。宽容不正散发着这样的魅力吗？

宽容他人，也与自己和解

不记得是哪位名人说过："宽容不是道德，而是认识。"

唯有深刻地认识事物，才能对人和世界的复杂性了解和体谅，才有不轻易责难的思维习惯。

有时候，人往往会思考对待外部世界的宽容，却忘了宽恕自己。

文心是一名肿瘤科护士，她在一次分享会中讲了自己工作中的一个故事。一天，文心上班闻到走廊里有恶臭味，查房前，同事们悄悄提醒她新来的一个乳腺癌病人脾气不好，换药时常常抱怨，甚至骂人，而且伤口有恶臭，让她尽量能避开就避开。

出于对职业的尊重,文心还是跟随主治医生到了病人身边。病人叫小美,这是乳房割掉后,癌细胞复发第二次入院,在给病人换药时,病人突然说:"小姑娘,你别看,很吓人的,看了你会受不了的。"

文心听了心里一动:"看来这位病人也不像是同事说的那种人,还在为我着想,让我不要看,怕我看了接受不了。"

文心没有转身。因为换药时会比较疼,文心自然而然地握住了病人的手,仿佛这样就能为她分担点痛苦,病人也投来感激的目光。

于是文心和病人成了好朋友,每天文心一有时间就会过去陪病人聊天。听说她喜欢画画,文心还买了画笔画纸给她,每次完成画作病人都异常兴奋。

听说病人之前是一名英语老师后,文心就和她约定,请她病好了辅导她英语。文心还说:"我有一个好朋友是画家,到时我介绍给你。"病人频频点头,那段时间文心每次见到她,发现她都精神洋溢,仿佛忘了病情。

文心说:"有时她会跟我聊她的家庭。她说自从得病后，老公嫌弃她，她不想在老公面前露丑，坚决自己敷药，因为敷药敷得不完整，也导致了后来病情越来越严重。她说她有个儿子，这次住院她没告诉儿子，怕儿子担心，知道儿子刚谈了女朋友，不想影响他们的关系。"

后来病人对文心说："每个人都对我避之唯恐不及，只有你对我太好了。"

"一天，我们发现同病房的另一个病人可能当天会走，因为在肿瘤病房待了半年多，我也习惯了这样的事情，没有太在意。"文心说，"第二天我来上班，同事交班说同病房的另一个病人昨晚七点走的。我来到病房，突然发现小美好像变了一个人似的，两眼无神，一直在默默流泪，整个面庞仿佛一夜之间苍老了几岁。见到我也没有了往日的笑容，神情中充满了恐惧、怨恨和无助。"当时我很惊诧，也有些许内疚和自责。

过了几天，小美也走了。"知道她离去的那一天，我的自责和内疚充斥着整个身体，我问自己为什么当时不把她搬到另一个病房？为什么我没有设身处地为她考虑？为什么让她亲眼目睹死亡？而且本来她就是个濒临死亡的人，看到别人的离去会有怎样的感触？如果我多一点关心给她，她一定不会这么快就走的。"说到这里，文心已泣不成声。

在聆听文心讲述的整个过程中，会场鸦雀无声，过了一会儿，主持人骆教授说："在座哪位同学愿意扮演文心的病人，对文心说几句话？"

有同学举手愿意做志愿者，教授请她俩在台上背靠背站着，请"病人"开始说话，病人说："文心，你不要内疚自责，你对我已经很好了，我非常感激你。只有你不嫌弃我，你还让我儿子来看我，还教我画画。那天的事不是你的错，我的离去不是你的错，你让我在临走前开心地过了好多天，我已经很满足了，我要感谢你！真心地感激你！你要开心起来，再也不要内疚了好吗？这样我在另一个世界也会安心的……"

生活中，我们往往愿意以宽容的心态对待别人，然而，令我们无法释怀的常常是无法原谅自己，哪怕是无意的过失，都令我们无限自责、内疚、伤心、无助。尤其在面对生命的离去这样一个不可逆的事实的时候，也许学会宽恕自己才是对自己和对别人最好的慰藉。

宽容自己，宽容别人。在时间让我们宽容一切之前。

第十四章

真正的慷慨

慷慨是你值得追寻一生的性情,是一种生活态度,并不需要你多富有,贫穷也可以慷慨。

说起慷慨，先来回顾两件糗事。

"小市民习惯"

还记得以前工作时，有一次，单位发水果，一百多份水果装袋放在一个房间，下班后自己去拿。我走进门，看着堆放了一地的一袋袋水果，拎起一袋看一下有没有坏的水果，然后又拿起一袋，好像是在比较一下哪一袋分量更足，水果更新鲜。这时，同事小金从门口进来随手拎起一袋就走了，我突然感觉自己好糗，一个切实的"小市民"就是我当时行为的写照。就一袋水果，比较来比较去能找到一袋比人家好多少的水果呢？要是真让你把好的挑走了，凭什么不好的一定得别人拿呢？这种总想着自己要拿好的心态让我汗颜。有句话叫大里不算小里落乱，说的就是大事小事分不清的状态，把时间磨叽在这种完全可以"秒杀"的事情上，真是浪费脑细胞，这与慷慨离得着实太远了。

那个缺吃少穿的年代，造成了家庭拮据的生活环境。在这样的物质生活条件下，加上缺乏正确价值观引导的成长环境中，必然产出"小市民气息"，暴露出的行为如同井底之蛙。一个人成熟与否跟他的生长环境、经济基础、家庭及社区文化氛围、受教育程度、同事关系、亲密关系、社会发展阶段、时代背景等均紧密相关。

一个人的成长，最终来自于自身对社会运行规律的认知。上面故事中提到的小金，后来成为了我们本地一家股份制民营企业的一把手。显然他在我们同龄人中属于先知先觉者，也就是我们常说的早熟的一类人。

"吝啬表现"

再说一件糗事。后来我换了个工作，一天去找一位分公司领导谈事。正值盛夏，天气热得口渴难耐，我一边想着等会儿和领导的沟通话术，一边在路边小卖店顺手买了瓶水喝着解渴。到了分公司还没上楼，看到三五个同事正好在门厅闲聊，其中一个比较熟悉的见我调侃道："怎么一个人喝，也不给我们带几瓶？"我本可以大大方方地说："不好意思啊,这大夏天的,我给你们点饮料吧!来,你们要喝什么口味的,告诉我……"可当时我听了居然接不上话,好像偷了东西被抓了个现行似的,尬笑一下,也不知吱唔了一句什么话,就算敷衍过去了。可想而知,这肯定让同事不待见了呀,做人不能太小气。当然,慷慨大方是不是我们的一种习惯,不是说说就成的,令人信服的表达需要发自内心,同时必须付诸可见的行动,才会赢得认同和尊重。但就当时的状况,别人必然这么看我了——一点都不大路,这大路指的就是大方、慷慨。

✏ 慷慨是你不富有时还愿意给予

有时候慷慨并不是你有没有花钱,而是你有没有花钱的态度。真正的慷慨大方是你穷得叮当响时还愿意给予。

有一部电影叫《当幸福来敲门》,电影中有个片段是这样的:主人公应聘失败,落魄地坐在广场的台阶上,突然,一辆出租车在他前面停下来,车里出来的正是之前的面试官。只见面试官左摸摸口袋右摸摸口袋发现忘带钱包了,突然看到主人公在前面,于是大声喊他过来,问他借钱付打车费。主人公此时口袋里也只有五美元了，想到今天是儿子的生日，本来是说好要给儿子买甜甜圈的，但他稍一闪念还是爽快地把仅剩的五美元给了那个面试官……

这一幕一直深深印在我脑海中，五美元也许压根和慷慨没多大关系，但是，对于一个仅仅只剩下五美元的人来说，这可能是他接下来能否生活下去的救命稻草。导演或许想阐述这样一种理念，如果你连保命的钱也舍得，那么你一定是一个慷慨大方、乐于助人的人。具有这样的品性的人，幸福自然会来敲他的门了。果然，随着剧情的发展，主人公最终被录取了。

剧情虽然比较老套，但它带给我们的思考远远不止舍与得的感悟。愿意慷慨地给予和帮助别人是一种美德，听上去这是个高大上的概念，因此我们往往会忽略生活中的小细节、小行为，这些细节行为通常是我们自动思维的映射。毫无疑问，慷慨大方你装不出来，就像做一次好事容易，难的是做一辈子好事。慷慨是你值得追寻一生的性情，是一种生活态度，并不需要你多富有，贫穷也可以慷慨。如同这个主人公，这是一种愿意牺牲自我的意识。慷慨是真正把自己变成了社会人，变成乐于群居的动物，惟其如此，才更能获得他人的认可与接纳。

⁄ 没有底蕴的慷慨行动很难令人接纳

悟到慷慨的意义后，我开始付诸行动，在我的办公室里囤了很多红酒和各类礼品，每逢朋友到访，我都会送几瓶红酒或一些小礼物，以示友好。然而，有一位朋友似乎不理解我的善意，任何礼物都不收。在我好说歹说下，他把礼物拎走了，但到了楼下，却回头发了条信息给我："你太客气了，你的好意我心领了，那箱酒我放在大厅，请取回。"估计他还没法适应我的"慷慨"举动，怕我求他办事，或者更可能的是不收礼已经成为他的价值观。

慷慨也许不仅仅是浮于表面的迎来送往，真正的慷慨是一种无欲无求，顺其自然的心境。朋友似乎觉察到我想要通过刻板的程序化的社交礼数，来表达自己的"慷慨"，实际上是希望被他人认可我是一个慷慨大方的人而已。这样的慷慨缺少内涵，没有可被理解的底蕴，与朋友的一贯作风完全不合拍，被拒绝也是必然的事了。

慷慨的对手——自私

所有的给予都应该被视为慷慨,所有的求助、索取而不得,我们也应该以平静、慷慨的心面对。

我有一个朋友,有一次开车在高速路上,接到另一个朋友的电话。电话那端的声音很急促,说正在自行车山地越野,刚摔了一跤磕掉了半颗牙,他知道我这个朋友认识牙医,于是求助。朋友在高速上没法快速查找牙医的联系方式,一直到最近的服务区,才找到了牙医的联系方式发给了对方,然后朋友继续赶路。过了两天,朋友闲下来想起来去电问候那位磕掉牙的朋友,对方没有接电话,发信息,对方也没回,后来才知道,对方翻脸了。

朋友回想说,他记不清当时是否说明自己在高速上开车,还是只说了一句"等一下查好给你",而对方可能会认为我那么紧急求助你,你隔了这么久才回复我,真不够意思。如此就会产生误会。

我曾经有一个忘年交,跟我讲过一句话,他说人生中最怕两个字——误会。而人与人之间,由于产生误会而闹掰的并不少见。

如何才能少一点误会？如何才能及时化解误会呢？我想答案只有一个，那就是善意地去理解对方。这种善意其实就是一种慷慨。比如说我求助于朋友，对方回复我慢了，导致我损失了一颗牙，事实上我磕断牙齿和朋友毫无关系。当我去善意地理解对方，这或许才是一种真正的慷慨为人的态度。

每一个生命，也许注定是围着自己转的，"自私"就是这种基因的名称，每个人身上都有。

不过，在成长的道路上，我们必须克服自私给我们带来的负面影响，即当别人没有围着我们转的时候，我们也不应该去责怪别人自私或不够意思，甚至放弃友谊，反目成仇。因为别人帮你是厚道，别人没能帮你，我们没有权利指责，我们需要慷慨之心。

慷慨的心是一颗爱他人的心，和你一样，我也一直在努力追寻。

慷慨在《现代汉语词典》中的解释是：充满正气，情绪激昂；大方，不吝惜。

曹操在1800多年前曾经作诗提及慷慨：

对酒当歌,人生几何!
譬如朝露,去日苦多。
慨当以慷,忧思难忘。
何以解忧?唯有杜康。

这里的慷慨,是指慷慨激昂的豪气、霸气,大方和不吝惜的行为正是基于这种豪气霸气的底蕴。

成长是一个人的刚性需求,成为一名终身学习者,活到老学到老,是我的座右铭。成长就是一直在路上,时时都可对酒当歌,慷慨坦荡地面对你经历的一切人和事。

第十五章

你想过怎样的一生

一个人只要充满自信地朝着他梦想指引的方向前进，努力去过他心中想象的那种生活，那他就会获得在平时意想不到的成功。

我生长在农村,后来到镇里去上幼儿园。记得那时常常要穿过一条胡同,胡同很长,两边的墙很高。胡同里有几户人家紧挨着,其中有一户人家门口,总坐着一个大妈,手里不是拿着毛线球,就是拿着一个藤匾,好像在翻腾着什么东西。岁月如梭,一晃几十年过去了。有一天,我回到小镇上,走过那条胡同,突然发现胡同仿佛一夜之间变小了,不再是记忆中那么长,两边的墙也并不像记忆中那样高了。我走进胡同,又一次看到那位大妈,依然坐在那户人家门口,只是现在已经变成一个老婆婆。我走上去和她说话,老婆婆今年96岁,阳光照着她的侧脸,岁月的痕迹刻在她的脸上。婆婆说:"我现在还常常觉得自己好像还是小孩子的时候,在这里生活了一辈子,在胡同里跑来跑去的那个小姑娘好像就在眼前……"停顿良久,她转过头来看着我,眼神在阳光下闪烁着光芒,她微笑着喃喃轻语道,"人生,其实就是来这世间做客的……"

追寻人生的意义

十多年前,我初次创业,每天工作十五六个小时,有时候甚至连胡子都来不及刮一下就匆匆出门。有一天路过女儿的幼儿园,一看时间还充裕,于是就想着进园去看她一下。

走进教室,女儿和另外三个小同学端坐在一张小方桌旁,我轻轻地叫了一声"冬冬"(女儿的小名)。女儿非常专注地在画画,以至于没发现我的到来。我轻轻地走到小方桌旁边,生怕打扰到她,看着她认真地在画,一笔一画,有板有眼。这时,同桌的一个小男孩用胳膊肘碰了碰我女儿的胳膊,大声地提醒我女儿:"冬冬,你爷爷来了!"

或许你也猜到了,我被小男孩的话惊了一下,于是我赶紧纠正他:"这位小同学,我是冬冬的爸爸。"

每次分享这个亲身经历的小故事时,听到的朋友总是会哈哈大笑,而我却没法一笑而过。孩子的话童言无忌,看到什么说什么,估计那天一定是面容憔悴吧,以至于在一个童真的孩子眼里竟然成了爷爷。

那天，我第一次思考赚钱和健康之间的关系，工作和生活该如何平衡？多年来，我们不时会听到类似这样的新闻：有些人事业红红火火，却罹患了癌症；有些人腰缠万贯，却为了事业疲于奔命过劳而死；更有亿万富翁因资金链断裂不堪经营重负跳楼自杀……

从那时起，我开始时不时问自己：创业的目的究竟是什么？仅仅是为了赚钱吗？生命的意义是什么？只是活着吗？

我脑海里经常浮现出这样的画面：

随时能在一个春华秋实的午后，坐在自家的花园里，一杯清茶，一本书，不被打扰地与智者交流……随时可以约上几个朋友来一场足球或篮球赛，随时可以和家人朋友到田野、草地、鱼塘，去体会牛、马、鱼之乐……在我看来，这或许就是一种富足的人生状态吧。

可是，我总觉得哪里不对，到底是哪里不太对头呢？我也说不清楚。后来有一天，看到亚马逊创始人杰夫·贝索斯的一段话，我才领悟。他说生命的意义就是 A 的 n 次方。A 表示你对这个世界的付出，你对这个世界的付出大于从这个世界的索取，那么 A 就是正数；n 表示你持续这么做的频次。反之，你对这个世界的索取大于对这个世界的付出，那么 A 就是负数。当 A 是正数时，你的人生才有意义。

想起几年前参加研讨会，会上山东大学的一位教授展示了一张 A4 纸，上面画满了小方格，其中一半略多一点的方格涂成了黑色。他说："我们国人目前的平均寿命是 80 岁，这张 A4 纸有 960 个小方格，每一个小方格代表一个月，正好是 80 岁。如果我能活到 80 岁的话，涂黑了的这部分是我已经走过了的岁月，我的生命剩下的时间已经不到一半了。"

"总是要等到睡觉以前，才知道功课只做了一点点；总是要等到考试以后，才知道该念的书都没有念……"小时候常常听到的这首耳熟能详的《童年》里的歌词，时不时会在我耳边响起。总是要等到回不去了，才突然似有所悟，瞬间停留在某种说不清道不明的怅然若失中，却忘了今天的当下很快又将成为回不去的过往了。

生命的本质

这世上,人人都是过客,没有人能永生,生命教育的本质是向死而生,以死观生。

生命教育必须从娃娃开始,教会他们正确地看待生命过程,看待开始与结束,才能最大限度地让不可逆的人生过得更有意义。

我的一个朋友旅居瑞典多年,他和我分享了在瑞典的邻居家发生的一件小事。一个还在上幼儿园的孩子,有一天手里的玩具摔坏了,不能再修复了,孩子伤心极了,孩子的父亲对他说:"每一个玩具都是有生命的,生命有开始的时候,就会有结束的时候。我们刚买来这个玩具的时候,它的生命就开始了,今天你不小心把它摔坏了,已经没办法修好它了,没办法让它再活过来了。我们现在要做的,是跟它道个别,跟它说声再见,我们把它包起来,放到垃圾桶里好吗?如果你还舍不得,你可以把它擦擦干净,让它再陪你几天,再和它告别。和它告别以后,我们可以再去买新玩具来玩。不过你要向爸爸保证,以后会更加小心地对待新玩具,让它的生命更长久一些,好吗?"

我想，我们是不是也可以像这位瑞典孩子的父亲一样，用这样"润物细无声"的方式，将"谈生论死"平和地导入，启发孩子。

我们的日常生活中充满了生死哲学，生命常常从平静到极致，又从极致到平静，如此往复，直到我们离开这个世界。

乔布斯在斯坦福大学的一次演讲中，告诫学生们要珍惜时间，珍爱生命。他说："我17岁的时候读到过一句话，说假如你把每一天都当作最后一天来过，那么总有一天你是对的。"

德国哲学家海德格尔说："当你无限接近死亡，才能深切体会生的意义。"

我们每个个体都是"向死而生"者，如何"以死观生"？怎样才算是活着？林语堂先生曾经说过："幸福人生，无非四件事，一是睡在自家床上；二是吃父母做的菜；三是听爱人讲情话；四是跟孩子做游戏。"也许在林语堂心中，能享受这样的幸福就是人生的意义所在。

也许我们终其一生也无法说明生命的本质究竟是什么，什么样的人生才是幸福美满的人生，因为每个人都有对人生意义的不同看法。我始终相信，拥有成长性思维的人生才是有意义的人生。

／做自己的人生导师

关于成长的故事，差不多就先讲到这里了。

不管你今年几岁，也不必去管你的理想今年几岁，请不要离开成长的跑道，有机会就去挑战自己，做一个乐于充实自己的人。你的家庭需要你，你的城市需要你，你的国家需要你。跑起来吧，勇敢地去成就梦想中的自己。如果你还年轻，那就承担起你作为新生代青年的责任吧！这片广袤无垠的土地正期待如你这样真实勤勉的年轻人，去播种，去成长，去开花结果。

在成长的道路上，你永远是自己的主人。勇敢地去追寻自己的梦想吧！

在这个光怪陆离的世界上，我们无法用道德衡量一个人，因为在不同的土地上有不同的道德标准；我们也无法用成功去衡量一个人，因为在每个人心中，成功的标准也不太一样；我们更无法用知识去衡量一个人，因为知识受机遇支配，知识衡量不出你的智慧、勇气和宽容，以及是否拥有一颗感恩的心。

以上是我过去五十年，所见所闻所学的一点总结和感悟。是这些认知支撑我成长为一个会思考和行动的人，一个勇于体验敢于蜕变的人，一个崇敬财富和注重健康的人。

亲爱的读者，做你自己的人生导师，就从现在开始，去做你想做的事，成长为你理想的样子吧！记住，我们都只活一次。

亲爱的朋友，衷心祝愿你不断成长，成就自我！

最后，请允许我用《瓦尔登湖》一书中的话来结束我们这一次的成长之旅："一个人只要充满自信地朝着他梦想指引的方向前进，努力去过他心中想象的那种生活，那他就会获得在平时意想不到的成功。"

朋友们，未来见！

后记

你想要的答案,就藏在你身上

亲爱的读者朋友:

感谢你读到了这里,不管你是看完了整本书读到了这里,还是你无意间翻到了这里,我都把我们的这次偶遇看成是天意。

2020年2月,当我把只有三万字的初稿拿给诗人伊甸老师,请他指点时,他二话不说,把稿子拿去认真读完后帮我做了个点评,后来也就成了本书的序。

2024年7月,当我把扩写到八万字的成稿交到周华诚老师手里,请他斧正时,他阅后回复我:"很好读,很励志,是本好书。"同时,在付梓交印前的几个月时间里,又给予我毫无保留的指点和帮助,使本书最终得以出版。

每个人的成长路上,人生导师会不断出现,有没有助力你成长,要看你有没有让他们参与你的人生。以上两位老师,一位年长于我,一位年龄比我小一些,但我都从他们身上,感受到了深深的善意和满满的真诚，在写作上给予我力量。

感恩为此书出版付出努力的所有老师和朋友。

成长路上，每个人遇到的问题和困惑不尽相同。成长的故事千千万，也许你也有我当年类似的迷茫和困顿时刻，也许你也有成长路上的所见所闻所悟想要分享，我非常乐意听听你的故事，与你交流、探讨成长的话题。

也许你会问我，难道你知道自己成长路上所有问题的答案？我想说，是的。

我始终相信，解决我们自身问题的最佳答案永远在我们自己身上。也就是说，解决你成长路上遇到的问题的那把钥匙，就藏在你自己身上。而这本书，也许能帮助你，找到这把钥匙。

丰子

2024 年 10 月